FORSCHUNGSBERICHTE
DES WIRTSCHAFTS- UND VERKEHRSMINISTERIUMS
NORDRHEIN-WESTFALEN

Herausgegeben von Staatssekretär Prof. Leo Brandt

Nr. 172

Dipl.-Ing. W. Rohs
Dr.-Ing. G. Satlow
Text.-Ing. G. Heller

Trocknung von Hanfgarnen. Kreuzspultrocknung

aus dem
Techn.-Wissenschaftl. Büro für die Bastfaserindustrie, Bielefeld

Als Manuskript gedruckt

WESTDEUTSCHER VERLAG / KÖLN UND OPLADEN

1955

ISBN 978-3-663-03268-7 ISBN 978-3-663-04457-4 (eBook)
DOI 10.1007/978-3-663-04457-4

G l i e d e r u n g

I. Einleitung und Aufgabenstellung

Die bisherigen Trocknungsversuche, die vom Techn.-Wissenschaftl. Büro für die Bastfaserindustrie im Auftrage der Industrie mit naßgesponnenen Leinengarnen durchgeführt worden sind, waren darauf ausgerichtet, Unterlagen über eine zweckmäßige Durchführung der Trocknungsverfahren zu sammeln und die Grenzen für Temperatur und Feuchtigkeit der Trocknungsluft festzulegen, die im Hinblick auf die Güteeigenschaften dieser Garne beachtet werden müssen. Es erschien von Interesse, derartige Trocknungsuntersuchungen, von gleichen Gesichtspunkten ausgehend, auch an naßgesponnenen Hanfgarnen vorzunehmen.

Die Ergebnisse der umfangreichen Arbeiten über die Leinengarntrocknung sind in den Forschungsberichten des Wirtschafts- und Verkehrsministeriums Nordrhein-Westfalen Nr. 2o, 21 und 79 niedergelegt und enthalten Beobachtungen und Auswertungen der Trocknungsvorgänge sowie ihre Auswirkung auf die Festigkeit und Dehnung der Garne. Die Versuche betrafen die Behandlung von Flachs- und Flachswerggarnen als Einzelfäden und in Strangform (I), auf Kreuzspulen (II) und auf Spinnspulen sowie Spinncops (III) mit Warmluft, deren Feuchtigkeit und Temperatur in weiten Bereichen verändert wurden. Bei den Arbeiten mit Kreuzspulen und Spinnspulen bzw. Spinncops wurden außerdem Unterschiede des Trocknungsverlaufes und Güteabweichungen in den verschiedenen Schichten der Spulen beobachtet.

Im folgenden werden Versuche ausgewertet, bei denen nasse Kreuzspulen mit Langhanf- bzw. Hanfwerggarn und - zum Vergleich - mit Flachswerggarn etwa der gleichen Feinheit unter Veränderung von Temperatur und rel. Feuchtigkeit der Trocknungsluft getrocknet wurden.

Sie hatten zum Ziel:

1. Ermittlung des zeitlichen Verlaufes der Trocknung und der Veränderung des Restfeuchtigkeitsgehaltes (Trocknungskurven) unter Berücksichtigung der verschiedenen Garnschichten auf der Kreuzspule.
2. Ermittlung des zeitlichen Verlaufes der Gutstemperatur während des Trocknungsvorganges.
3. Feststellung der Grenzen einer Materialschädigung.

In Abweichung von den erwähnten früheren Versuchen mit Leinengarnen erfolgt die Trocknung nicht in einem besonders konstruierten Trocknungsapparat, der eine genaue automatische Regelung der Trocknungsluftverhältnisse gestattete, sondern in einem im praktischen Betrieb befindlichen Kreuzspultrockner. Dieser Apparat (Fabrikat Zittauer Maschinenfabrik) wurde uns für die Versuche von den Hanfwerken Füssen-Immenstadt AG. zur Verfügung gestellt. Wir möchten nicht verfehlen, diesem Unternehmen unseren Dank für dieses Entgegenkommen sowie für die Unterstützung während der Versuche auszusprechen.

II. Versuchsdurchführung

A. Trocknungsapparatur

Der für die Versuche zur Verfügung gestellte Trocknungsapparat war ein im praktischen Einsatz befindlicher 2-Etagen-Kreuzspultrockner der Zittauer Maschinenfabrik. Die Regelung von Temperatur und Feuchtigkeit der Trocknungsluft mußte von Hand aus vorgenommen werden. Sie wurde mittels der für die Versuche zusätzlich eingebauten Thermo- und Psychrometer kontrolliert. Es handelte sich also um Betriebsversuche, im Gegensatz zu den älteren Untersuchungen, für die eine Spezialeinrichtung mit automatischer Regelung verwendet worden war.

Abbildung 1 zeigt schematisch den Aufbau des Trockners. Der Apparat besteht aus einer großen Kammer, die beiderseits an den Längsseiten durch Schiebetüren verschlossen wird. Zur Vergrößerung der Spulenzahl je Charge hat der Apparat zwei Trockenetagen, die auf flachen, über die gesamte Grundfläche des Trockners reichenden Luftkanälen aufgebaut sind. Die Kanäle weisen in ihrer oberen Abdeckung in Abständen von ca. 2oo mm Löcher auf, in welche die zu trocknenden Kreuzspulen mit ihren Hülsen eingesetzt werden. Das Fassungsvermögen des Trockners betrug je Etage 84 Kreuzspulen bei einfachem Besatz (siehe Abb.)

Die Trocknung der Kreuzspulen erfolgt durch Warmluft, die als Frisch- oder Umluft von einem starken Ventilator in den Apparat und von innen nach außen durch die Spulen gedrückt wird. Die Luft erfährt unmittelbar hinter dem Ventilator V1 die erforderliche Erwärmung durch Aufheizung mittels einer mit Dampf gespeisten Batterie H. Der auf eine bestimmte Temperatur erwärmte Luftstrom wird hälftig geteilt und den Kanälen I und II zugeführt. Die nach Spulendurchtritt mit Feuchtigkeit angereicherte Luft wird aus den beiden Etagen von einem Hilfsventilator V 2 abgesaugt.

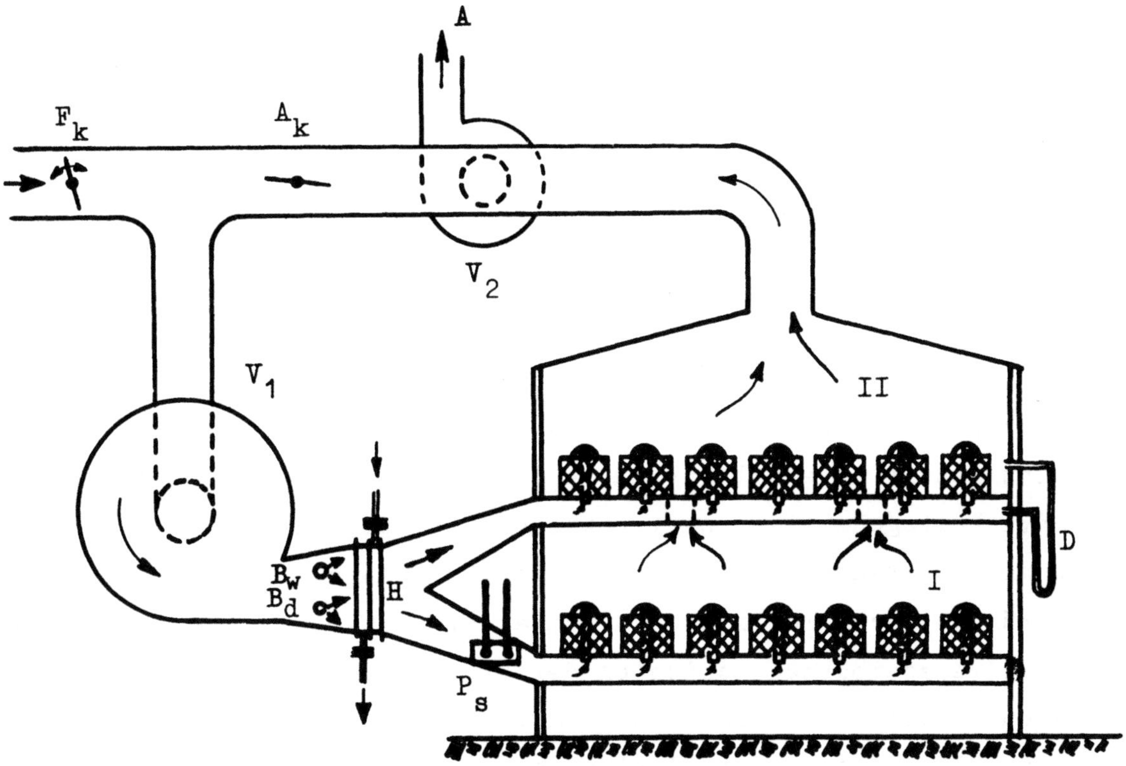

A b b i l d u n g 1
Trockenapparatur (Schema)

Je nach Stellung der Abluftklappe Ak wird die feuchte Luft entweder ins Freie geleitet oder - bei geöffneter Klappe - dem Luftkreislauf wieder zugeführt.

Die Steuerung der Temperatur erfolgte von Hand aufgrund der Beobachtung des Trockenthermometers der Psychrometereinrichtung Ps, die im unteren Luftkanal angeordnet war. Entsprechend den Ablesungen wurden die Dampfventile für die Heizbatterie H betätigt.

Die Befeuchtung der Trocknungsluft wurde durch eine Wassersprühdüse Bw und eine Dampfdüse Bd erreicht, die vor der Heizbatterie angeordnet waren. Die Kontrolle der rel. Luftfeuchtigkeit erfolgte über die erwähnte Psychrometereinrichtung Ps mit Trocken- und Feuchtthermometern, aus deren Anzeigedifferenz die rel. Feuchtigkeit der Trockungsluft ermittelt werden konnte. Die Befeuchtung des Feuchtthermometers erfolgte ständig, d.h. der zur Befeuchtung des Thermometers verwendete Strumpf wurde durch Anschluß an eine Wasserleitung dauernd genäßt, so daß beim Arbeiten mit hohen Temperaturen die Gefahr der Austrocknung und damit einer Fehlanzeige ausgeschaltet war. Die Einhaltung der gewünschten Luftfeuchtigkeit innerhalb eines Einzelversuches erfolgte durch Regelung der Befeuchtungsdüsen von Hand.

Die Luftdruckdifferenz, entsprechend dem Strömungswiderstand durch die Spulen, wurde mit einem Druckmesser D ermittelt. Die festgestellten Werte geben die Druckdifferenz vor und hinter den Kreuzspulen in mm Wassersäule an.

B. Messung der Feuchtigkeit innerhalb der Kreuzspulen

Um die Trocknungskurven, d.h. die Kurven der Feuchtigkeitsabnahme über der Trocknungszeit zu erhalten, mußte innerhalb gewisser Zeitintervalle der Feuchtigkeitsgehalt der zu trocknenden Kreuzspulen ermittelt werden. Eine Wägung der Kreuzspulen kam nicht infrage, da dies einmal aus technischen Gründen nicht möglich war, zum andern die fortschreitende Trocknung in den verschiedenen Schichten der Kreuzspulen auf diese Weise nicht zu erfassen gewesen wäre. Die Feuchtigkeitsmessung geschah unter Einsatz von Geräten "Textometer" der Elektromechanischen Werkstätten Dr.-Ing. H. Mahlo, Saal/Donau, bei denen der elektrische Widerstand des Prüfgutes als Maß für die vorhandene Feuchtigkeit ausgenützt wird. Gemessen wurde über Nadelelektroden, die in die Kreuzspulen eingeführt werden. Die Anzeige erfolgt in Ohm-Werten. Materialabhängige Eichkurven vermitteln den Zusammenhang der Ablesung mit der vorhandenen Garnfeuchtigkeit in Prozenten. Für die Messungen im niedrigen Feuchtigkeitsbereich zwischen 7 und 16 % wurde das übliche Netzgerät Typ BMS eingesetzt, zur Erfassung des Feuchtigkeitsbereiches oberhalb 16 % bis zu der Einsatzfeuchtigkeit der Kreuzspulen - rd. 7o - 8o % - wurde ein Textometerbatteriegerät Typ CMB benutzt. Mit Hilfe dieser beiden Geräte konnte somit die Feuchtigkeitsabnahme während des Trocknungsablaufs verfolgt werden. Unterhalb 7 % Materialfeuchtigkeit bis zum Erreichen der jeweiligen Restfeuchte waren die Textometergeräte nicht mehr verwendbar, weshalb diese durch Konditionierung ermittelt wurde.

Auch bei den Trocknungsversuchen mit Hanfgarnen sollte, wie bereits bei den früheren Untersuchungen an Leinengarnen, das Fortschreiten der Trocknung in mehreren Schichten der Kreuzspulen festgestellt werden. Hierfür kam ein vom TWB-Bastfaser entwickeltes Verfahren zur Anwendung (vergl. die Berichte II und III über die Trocknung naßgesponnener Leinengarne). Es wurden 3 Radial- und 3 Höhenschichten jeder zur Messung kommenden

Kreuzspule zur Feuchtigkeitsermittlung herangezogen, so daß innerhalb einer Spule an insgesamt 9 Stellen Messungen vorgenommen wurden. Einschränkend hierzu muß allerdings gesagt werden, daß dabei nur ein relativ kleiner Sektor der Spule erfaßt wird. Die Messung in den 3 Radialschichten erfolgte in der Weise, daß hierzu Elektrodennadeln unterschiedlicher Länge verwendet wurden, die von außen her bis zu der Meßschicht der Kreuzspule eingesteckt wurden, wobei nur die Nadelspitzen blank, die übrigen Teile der Elektrodennadeln mit einer feuchtigkeits- und temperaturbeständigen Isolation versehen waren.

Es ist darauf hinzuweisen, daß bei dieser Art der Messung jeweils ein Raum von rd. 15 mm Radius um die nicht isolierte Nadelspitze erfaßt wird. Daraus ergibt sich, daß der angezeigte Feuchtigkeitswert nur in Annäherung für die Gesamtschicht gilt. Ferner ist festzustellen, daß das Gerät jeweils die feuchteste Stelle innerhalb des Meßraumes zur Anzeige bringt.

Dem Meßprinzip entsprechend gehört zu jeder Elektrodennadel eine geerdete Massenadel. Bei dem angewandten Verfahren konnte für je 3 Elektrodennadeln einer Höhenschicht eine durch alle drei Radialschichten gehende Massenadel verwendet werden. Insgesamt waren also 3 Massenadeln vorhanden.

Jede einzelne Elektrodennadel konnte mittels einer eigenen elektrischen Zuleitung und Steckvorrichtung mit dem Meßkopf und damit mit dem Anzeigegerät verbunden werden. Durch einfache Umsteckung während eines Trocknungsversuches konnte die Abnahme der Feuchtigkeit nacheinander laufend an allen 9 Meßstellen der Kreuzspule ermittelt werden.

C. Aufzeichnung der Eichkurven

Die normale Ausführung des Textometers Typ BMS gestattet die Feststellung von Feuchtigkeiten verschiedener Faserstoffe in einem normalen Temperaturbereich von ca. 15 - 25 °C. Das Gerät ist hierauf geeicht und zeigt unmittelbar Feuchtigkeitsprozente an. Bei höheren Temperaturen, wie sie im vorliegenden Fall zur Anwendung kamen, verschiebt sich die Charakteristik des Gerätes derart, daß die mitgelieferten Skalen keine Gültigkeit mehr haben. Für den Textometer Typ CBM (zur Feststellung höherer Feuchtigkeitsprozente) war eine überprüfte Meßskala überhaupt nicht vorhanden.

Aus vorerwähntem Grunde mußten beide Geräte für die anzuwendenden Temperaturbereiche neu geeicht werden, bzw. es waren Kurven zu ermitteln, aus denen bei den jeweils angewandten Temperaturen die Abhängigkeit zwischen den Ohm-Werten und den Feuchtigkeitsprozenten abzulesen ist. Während bei früheren Arbeiten derartige Eichkurven für Leinengarne aufgestellt worden waren, mußte dies für Hanfgarne nunmehr nachgeholt werden. Die einzelnen Eichpunkte wurden derart ermittelt, daß die Meßwerte am Textometer mit den Ergebnissen einer Konditionierung der gemessenen Probe in Zusammenhang gebracht wurden. Mehrere derartige Punkte, festgestellt bei einer bestimmten Temperatur, ergeben eine Eichkurve, wie deren vier für 2o, 5o, 7o und 9o °C für Leinengarne in den Forschungsberichten Nr. 2o und 79 und in Abbildung 2 für Hanfgarne zu ersehen sind. Je höher die Temperatur der Probe, desto geringer der elektrische Widerstand bei gleicher Materialfeuchte. Daraus ergibt sich, daß je höher die Temperatur, desto geringer die Feuchtigkeit bei gleichem Ohm-Wert ist. Ein Vergleich der Eichkurven für Leinengarne und Hanfgarne zeigt, daß Neigung und Verlauf der Kurven verschieden, also materialabhängig sind.

Mit Hilfe der gefundenen Eichkurven war es somit möglich, unter Einsatz der Textometer und mehrerer Nadelelektroden den Feuchtigkeitszustand in jedem Zeitpunkt und an verschiedenen Stellen zu ermitteln und den Ablauf der Trocknung zu verfolgen. Allerdings soll nicht übersehen werden, daß diese Art der Messung von Zufälligkeiten nicht ganz unabhängig ist. Es wurde bereits gesagt, daß die Nadelelektroden nur einen beschränkten Raum des Garnkörpers erfassen. Dazu kommt, daß auch Unterschiede in der Wicklung auf die Meßergebnisse nicht ohne Einfluß bleiben. Deshalb ist der einzelne Meßpunkt nicht in jedem Falle eindeutig. Bei den aurchgeführten Untersuchungen handelt es sich jedoch um Meßreihen, die eine größere Anzahl von Meßpunkten umfassen. Diese ergeben bei Inkaufnahme einer gewissen Streuung mit ausreichender Genauigkeit die gesuchte Tendenz des Trocknungsverlaufes bzw. dessen Unterschiedlichkeiten je nach angewandtem Verfahren.

D. Ermittlung der Trocknungskurven

Die Versuche wurden mit Langhanfgarn Nm 6, Hanfwerggarn Nm 5 und - zum Vergleich - mit Flachswerggarn Nm 5, in allen Fällen roh, durchgeführt. Vor Beginn der Untersuchungen wurde dafür Sorge getragen, daß während ihrer Durchführung die Spinnpartien (Mischungen) keine Abänderung erfuhren. Die Garne wurden stets auf gleichen Feinspinnmaschinen gesponnen

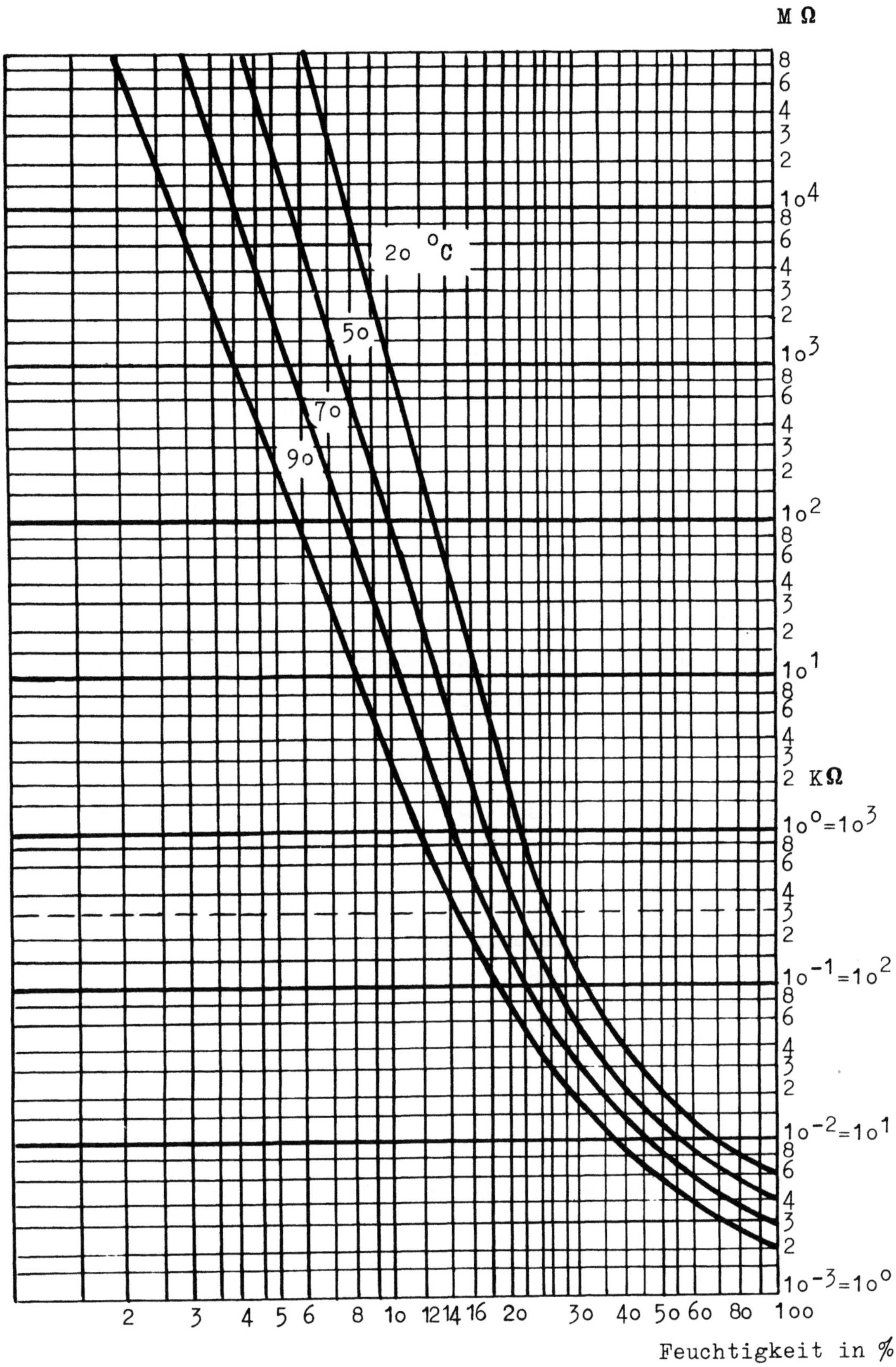

Abbildung 2

Textometer-Eichkurven für Hanf

und unmittelbar anschließend auf einer Schlafhorst-Kreuzspulmaschine ohne Gewichtsausgleich gespult. Um in allen Fällen gleich harte Spulen zu bekommen, wurden sie immer auf denselben Spindeln 1 - 11 der Spulmaschine hergestellt und entsprechend mit 1 - 11 bezeichnet. Bei der Herstellung der Kreuzspulen wurden die Garne über Kopf von den Spinnspulen abgezogen, was in allen drei Fällen möglich war, da es sich um große Spinnspulen von Mackie-Hängeflügelmaschinen (3 1/2"-Teilung) handelte. Der Durchmesser der hergestellten Kreuzspulen betrug ca. 150 mm, der Hub bzw. die Spulenbreite ca. 145 mm, entsprechend einem Fadenführerhub von 150 mm.

Die insgesamt 11 Spulen jedes Versuches wurden für folgende Verwendung vorgesehen:

Kreuzspulen 1 - 6	für Festigkeitsuntersuchungen,
Kreuzspule 7	zur Ermittlung der Trocknungskurven (Meßspule),
Kreuzspule 8	als Reserve für Dehnungsuntersuchungen,
Kreuzspulen 9 - 11	für Konditionierung zur Festellung der Restfeuchte und zur Ermittlung der Desorptionskurven.

Die Zahl der für die Festigkeitsuntersuchungen vorgesehenen Spulen (1-6) ist, auf Erfahrungen bei früheren Versuchen fußend, relativ groß gewählt worden, um Zufallsschwankungen möglichst auszuschalten.

Die Spule 8 blieb - wie bereits erwähnt - als Reserve für etwaige weitere Garnuntersuchungen zurück.

Die Kreuzspulen 9 - 11 wurden in der Weise behandelt, daß ihr Gewicht unmittelbar nach dem Spulen und nach Beendigung der Trocknung festgestellt wurde. Im TWB-Bastfaser erfolgte das Umhaspeln dieser Spulen auf Strähne und deren Konditionierung. Aus der Gegenüberstellung der Gewichte kann sowohl die Ausgangsfeuchtigkeit, als auch der Restfeuchtegehalt errechnet werden. Die Ermittlung des Restfeuchtegehaltes auf dem Wege der Konditionierung war erforderlich, da - wie bereits erwähnt - die Messung von Materialfeuchten unter 7 % mit dem Textometer nicht mehr mit hinreichender Genauigkeit möglich ist. Auch hinsichtlich der Ausgangsfeuchtigkeiten erschien eine Überprüfung der Meßwerte wünschenswert.

In die Spulen 7 wurden, wie in den vorstehenden Abschnitten beschrieben, die 9 + 3 Nadelelektroden eingeführt und die Feuchtigkeitsabnahme während des Trocknens durch Ablesung der Ohm-Werte laufend erfaßt. Die Meßspulen waren im Trockner jeweils in der unteren Etage, und zwar in Einströmrichtung der Trocknungsluft gesehen, in der Mitte des Apparates bzw. in der zweiten Querreihe eingesetzt. Das Einsetzen der Meßspulen erfolgte erst nach Einregulierung auf die gewünschte Temperatur und Feuchtigkeit der Trocknungsluft.

Die Kreuzspulen saßen unmittelbar auf dem Luftkanal auf. Eine Abdeckung erfolgte nicht, es wurde lediglich die oben offene Hülse durch einen Korken verschlossen und dadurch die Luft gezwungen, durch die Garnlagen zu treten.

Temperatur und rel. Feuchtigkeit der Trocknungsluft wurden bei konstanter Druckdifferenz von ca. 1oo - 11o mm WS wie folgt variiet:

Lufttemperatur	rel. Luftfeuchtigkeit
5o °C	7 %
7o °C	7, 3o, 6o %
9o °C	7, 3o %

Es stellte sich heraus, daß unter den herrschenden Betriebsbedingungen die rel. Luftfeuchtigkeit nicht immer in zufriedenstellendem Maße eingehalten werden konnte. Schwierigkeiten bereiten die Einstellungen 7o° und 6o % sowie 9o° und 3o %.

Die registrierten Ohm-Werte ergaben unter Zuhilfenahme der ermittelten Eichkurven die Garnfeuchten in % und diese, aufgetragen über der Zeit, die Trocknungskurven für die verschiedenen Zustände der Warmluft. Die Trocknungskurven geben jeweils das Bild über den zeitlichen Ablauf der Trocknung wieder und lassen die jeweils erreichte Restfeuchte - ermittelt durch Konditionierung - erkennen.

Sie dienen auch für die Ermittlung der Gutstemperaturkurven, d.h. jener Abhängigkeitslinien, welche die im Faden in jedem Stadium der Trocknung herrschende Temperatur anzeigen. Als Verbindungsglied zwischen den Trocknungs- und den Gutstemperaturkurven dienen die sog. Sorptionskurven. Diese lassen sich aus den bei verschiedenen Temperatur- und Feuchtigkeitszuständen der Trocknungsluft festzustellenden Restfeuchten der Garne konstruieren und zeigen die jeweilige Feuchte des Materials in Abhängigkeit von der rel. Feuchtigkeit der umgebenden Luft. Die Sorptionskurven sind temperaturabhängig.

E. Ermittlung des Trocknungseinflusses auf die Reißfestigkeit der Garne

a) Probeentnahme und Anzahl Reißungen

Zur Prüfung der Reißfestigkeit wurden je Versuch, wie bereits berichtet, 6 Kreuzspulen herangezogen. Vor dem Einsetzen in den Trockenapparat wurden von diesen Kreuzspulen je 1oo m abgeweift und an der Luft - durchschnittlich bei 2o °C - getrocknet. Nach jeder Trocknung im Trockner erfolgte eine Entnahme mehrerer 1oo m Garn von der Außen-, Mittel- und Innenschicht der Kreuzspulen. Alle Proben wurden nach DIN 53 8o1 (5oo mm Einspannlänge), jedoch mit 1o s Reißdauer gerissen, nachdem sie mindestens 7 Tage im Klimaraum (65 % rel. Luftfeuchtigkeit, 2o °C) gelagert hatten. Als Kriterium für den Einfluß der Trocknung auf die Reißfestigkeit diente der Unterschied zwischen Reißfestigkeit der bei Zimmertemperatur getrockneten und jener der im Trockner behandelten Garne. Er wurde in Prozent, bezogen auf die Festigkeit der erstgenannten, ausgedrückt.

Je Probe wurden 3o Reißungen durchgeführt. Das bedeutet, daß zur Auswertung jedes Trocknungsversuches von dem bei Zimmertemperatur getrockneten Garn 6 x 3o = 18o Reißungen, von dem im Trockner behandelten Material 3 x 6 x 3o = 54o Reißungen vorlagen.

Wie sich im Laufe der Auswertung zeigte, waren die Schwankungen der Reißfestigkeits-Mittelwerte von den bei Zimmertemperatur getrockneten Garnen je Trocknungsstufe trotz der jeweils vorgenommenen 18o Reißungen noch so groß, daß Überschneidungen mit dem Mittelwert der in der Trockenapparatur getrockneten Garne eintraten. Deshalb wurde als Vergleichswert der Mittelwert sämtlicher bei Zimmertemperatur getrockneter Garnproben herangezogen, d.h., daß bei 6 verschiedenen Trocknungen (vergl. S. 13) an je 6 Kreuzspulen 6 x 6 x 3o = 1o8o Einzelwerte diesem Vergleichswert zugrunde lagen.

b) Statistische Sicherheit bei Beurteilung der Versuchsergebnisse

Für die Beurteilung einer Materialeigenschaft ist wichtig, die Genauigkeit des Mittelwertes einer Probe zu kennen. Erst dann kann die Sicherheit von Vergleichen mit anderen Proben beurteilt werden. Es ist daher notwendig festzustellen, mit welcher möglichen Abweichung des jeweilig gefundenen Mittelwertes von dem wahren Mittelwert zu rechnen ist, d.h.

innerhalb welcher Grenzen er Vertrauen verdient. Die Größe des Vertrauensbereiches hängt ab[1])

von der Zahl der durchgeführten Messungen (Probeumfang N),

von der Standardabweichung s bzw. dem Variationskoeffizienten V der Einzelwerte,

von der geforderten statistischen Sicherheit S.

Die rel. Weite p des Vertrauensbereiches, prozentual bezogen auf den Mittelwert. wird nach folgender Formel errechnet:

$$p = \pm t \cdot \frac{V}{\sqrt{N}} \quad (\%)$$

Der Faktor t stellt eine Funktion der statistischen Sicherheit S und des Stichprobenumfanges N dar. Dieser t-Wert ist entsprechenden Tafeln bzw. Kurven zu entnehmen[2]).

In den vorliegenden Untersuchungen ist mit einer Sicherheit S = 99,9 % gearbeitet worden, so daß die Angaben über den Vertrauensbereich der Mittelwerte nur zu o,1 % die Wahrscheinlichkeit einer Fehlbeurteilung in sich bergen.

In welch starkem Maße der Vertrauensbereich (p) des Mittelwertes $\bar{x}$ von der Zahl der durchgeführten Messungen (N) abhängt, sei in folgender Tabelle niedergelegt. Hierbei ist vorausgesetzt, daß der Variationskoeffizient V = ± 2o % beträgt.

N	t	p
3o	3,659	± 13,4 %
6o	3,464	± 8,9 %
1oo	3,39o	± 6,8 %
18o	3,346	± 5,o %
54o	3,31o	± 2,9 %
1o8o	3,291	± 2,o %

1) Vergl. GRAF, U. und HENNING, H.J.: Statistische Methoden bei Textiluntersuchungen. Springer-Verlag, Berlin 1952, S. 72 ff. - DIN 53 8o4 (Entwurf 1953): Prüfung von Textilien. Auswertung der Meßergebnisse. Melliand Textilber. 34 (1953), S. 47o - 472, 573 - 575.

2) Beispielsweise GRAF/HENNING, S. 254 bzw. 263.

Wenn also z.B. ein Garn eine aus 6o Einzelwerten erhaltene mittlere Reißfestigkeit von 1ooo g hat, so liegt der Vertrauensbereich des Mittelwertes zwischen 911 und 1o89 g. Bei dem gleichen Mittelwert, jedoch gebildet aus 54o Reißungen, erstreckt sich der Bereich nur noch zwischen 971 und 1o29 g, immer vorausgesetzt, daß der Variationskoeffizient ± 2o %, also die Standardabweichung ± 2oo g beträgt und eine statistische Sicherheit von 99,9 % verlangt wird.

Die Kenntnis der Vertrauensbereiche von Mittelwerten erlaubt die Aussage, ob ein Unterschied zwischen zwei Mittelwerten statistisch gesichert, also echt ist oder nicht, d.h., ob solche Mittelwerte nur aus Gründen zufälliger, im Wesen der Probe gegründeter Schwankungen unterschiedlich hoch sind oder deshalb, weil ein äußerer Umstand, hier der Trocknungseinfluß, eine Veränderung der von den Mittelwerten angezeigten Eigenschaft herbeigeführt hat.

Sollen also - wie im vorliegenden Falle - die Reißfestigkeitsmittelwerte der bei Zimmertemperatur und der im Apparat getrockneten Garne verglichen werden, so muß ihre Differenz, um als echt anerkannt zu werden, mindestens so groß sein, daß sich die Vertrauensbereiche der beiden Mittelwerte nicht überschneiden. Bei 99,9 % verlangter Sicherheit und einem Variationskoeffizienten von ± 2o % für beide Proben betragen unter Berücksichtigung von 54o Einzelreißungen für das apparategetrocknete und 1 o8o Reißungen für das Vergleichsgarn die Vertrauensbereiche der jeweiligen Mittelwerte lt. Tabelle 2,9 bzw. 2,o %. Ergeben sich z.B. die Mittelwerte mit 94o bzw. 1ooo g, so ist die Summe der Vertrauensbereiche mit 27,3 + 2o,o = 47,3 g kleiner als die Mittelwertdifferenz 1ooo - 94o= 6o g. Somit ist eine Überschneidung der Vertrauensbereiche nicht gegeben und der Unterschied der mittleren Reißfestigkeiten echt bzw. statistisch gesichert.

Die obige Erklärung schon der kleinsten Überschneidung der Vertrauensbereiche als Kriterium für die mangelnde Sicherheit einer echten Differenz zwischen zwei Mittelwerten ist jedoch für die exakte technische Statistik zu weitgehend. Sie läßt Überschneidungen der Vertrauensbereiche in gewissen Grenzen auch bei echten Differenzen zu. Für den Test, ob zwischen zwei durch Standardabweichungen und ausreichende Zahl der Einzelwerte gekennzeichneten Mittelwerten unter Zugrundelegung einer bestimmten statistischen Sicherheit ein echter Unterschied vorhanden ist, wird folgende Formel[3)] angewandt.

$$t = \frac{(\bar{x}_1 - \bar{x}_2) \cdot \sqrt{N_1 \cdot N_2}}{\sqrt{s_1^2 \cdot (N_1 - 1) + s_2^2 \cdot (N_2 - 1)}}$$

Hierin bedeuten:

$\bar{x}_1$ bzw. $\bar{x}_2$ = Mittelwerte der Proben 1 bzw. 2
N_{1_2} bzw. N_{2_2} = Anzahl Einzelwerte der Proben 1 bzw. 2
s_1 bzw. s_2 = Streuung der Einzelwerte von Probe 1 bzw. 2

Ist der errechnete t-Wert größer als die in den statistischen Büchern für die zugrundeliegende statistische Sicherheit und die vorhandene Zahl der Einzelwerte zu entnehmende Zahl, dann ist der Unterschied der Mittelwerte $\bar{x}_1$ und $\bar{x}_2$ echt. Liegt er tiefer, so ist die gewünschte Sicherheit für die Beurteilung der Differenz nicht erreicht.

Dieser geschilderte t-Test gilt streng nur dann, wenn die Einzelwerte normal verteilt sind und wenn der Unterschied zwischen den Mittelwerten nur durch einen Einfluß, nämlich den, der zur Untersuchung steht, verursacht ist, während alle anderen Faktoren bei beiden Proben in gleicher Weise wirksam gewesen sind. Außerdem dürfen die zu den beiden Mittelwerten gehörenden Standardabweichungen nicht wesentlich voneinander verschieden sein. Diese Voraussetzungen können bei den vorliegenden Trocknungsuntersuchungen als gegeben angenommen werden.

III. Auswertung der Versuchsergebnisse

A. Trocknungskurven und Gutstemperaturkurven

In den Berichten über die Trocknung von Leinengarnen (I bis III) ist wiederholt auf die Bedeutung der Trocknungskurven und Gutstemperaturkurven hingewiesen worden, so daß sich im vorliegenden Fall eingehende Erörterungen über das bereits Gesagte hinaus erübrigen.

Die allgemeine Form der Trocknungskurven ist geläufig. Nach einem erst steilen Abfall der Feuchtigkeit erfolgt ein langsamer Übergang zur Konstanz (Restfeuchte).

Abbildung 3 zeigt im oberen Teil Trocknungskurven für die 3 Radialschichten einer Kreuzspule Langhanfgarn Nm 6. Eingetragen sind die Mittel der

3) Siehe DIN 53 804 (Entwurf) a.a.O.

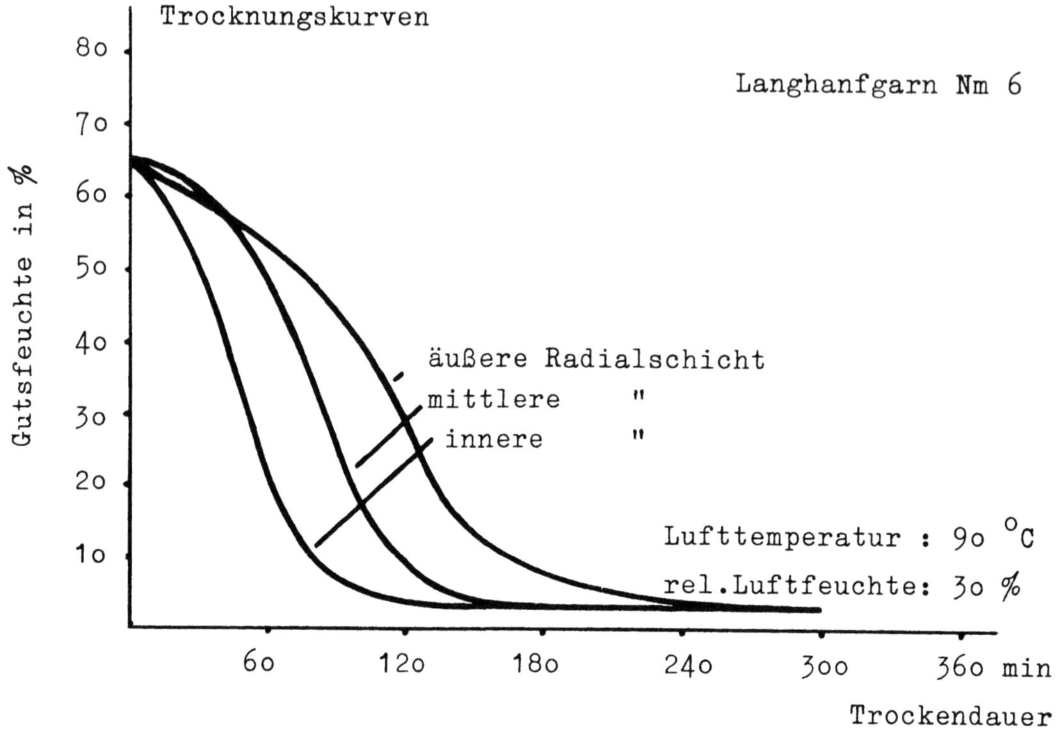

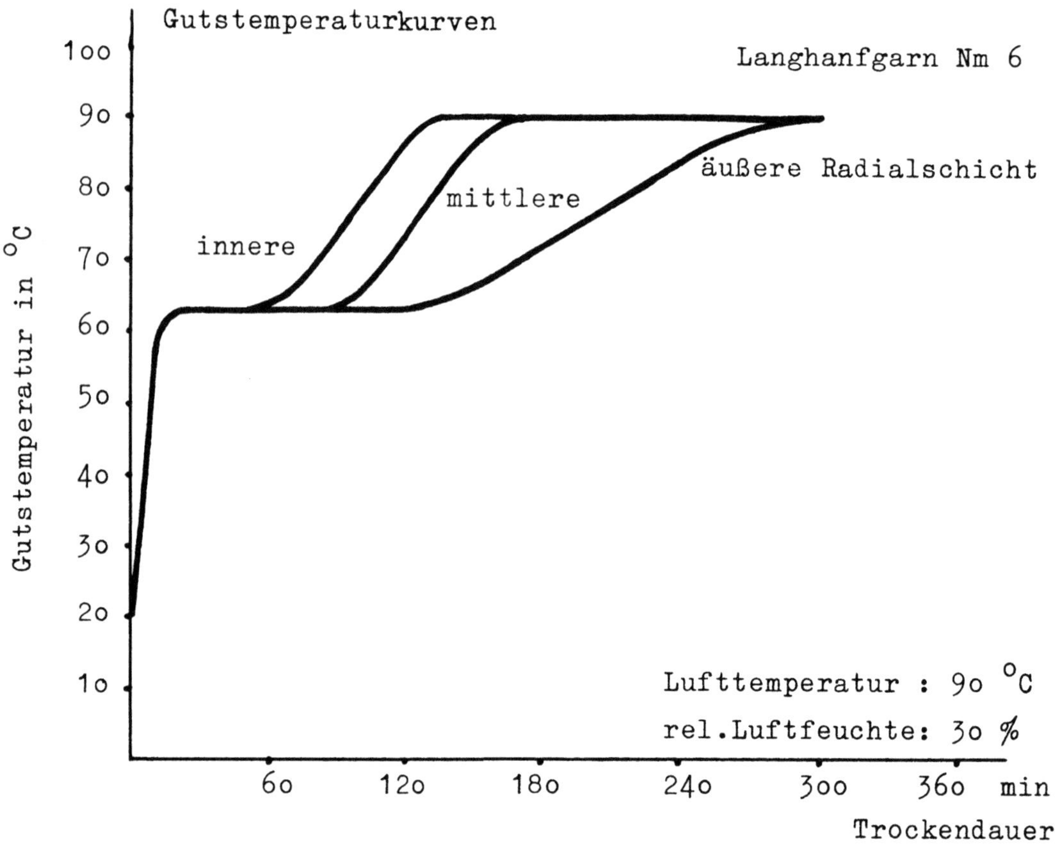

A b b i l d u n g 3
Trocknung von Hanfgarnen

in 3 verschiedenen Höhenschichten gemessenen Feuchtigkeitswerte. Wie die Schaulinien zeigen, erfolgt die Trocknung in Außen-, Mittel- und Innenschicht erwartungsgemäß verschieden schnell, außen langsamer als innen. Dies ist durch die Strömungsrichtung der Trocknungsluft von innen nach außen leicht zu erklären. Die gezeigten Kurven wurden aufgenommen bei einer Trocknung mit 90 °C und 30 % rel. Luftfeuchtigkeit. Die innere Schicht war bereits nach 130 min trocken, die äußere Schicht erst nach 300 min. Die Mittelschicht erreichte Gewichtskonstanz nach ca. 170 min. Die Trocknung verlief in den 3 Schichten praktisch analog. Das gleiche Verhalten gilt für die anderen Bereiche von Temperatur und rel. Feuchtigkeit der Trocknungsluft sowie auch für Hanfwerggarn und Flachswerggarn. Im übrigen stimmen die Beobachtungen überein mit denen, die bei der Trocknung von Kreuzspulen und Spinnspulen mit Leinengarn gemacht wurden.

Unterschiedlich verlief auch die Trocknung des Garns in den 3 zur Messung herangezogenen Höhenschichten. Dabei konnte festgestellt werden, daß die obere Höhenschicht der mittleren gegenüber vortrocknet, die untere hingegen bei feuchter Trocknungsluft sogar mit Abstand nachkommt. Diese Unterschiede waren nur in der Tendenz zu beobachten. Eine genaue Wiedergabe des Trocknungsverlaufs in den Höhenschichten - etwa wie sie in Abbildung 3 für die 3 Radialschichten gegeben wurde - gelang nicht. Dies ist nicht zuletzt darauf zurückzuführen, daß die Kreuzspulen an ihrer oberen Seite nicht abgedeckt waren, so daß die Trocknungsluft keinen eindeutig festgelegten Weg ging, sondern offenbar von Wicklungsunterschieden geleitet wurde.

Die unterschiedliche, im Mittel festgestellte Dauer der Trocknung kann dadurch erklärt werden, daß die unteren aufsitzenden Teile der Kreuzspulen für die Luftströmung schlechter zugängliche Räume aufweisen als die mittleren und die oberen nicht abgedeckten Teile der Kreuzspulen.

Zusätzlich ist zu bemerken, daß in den äußeren, dichteren Randzonen der Spulen (Fadenführerumkehr) die Trocknung gegenüber den anderen Räumen der Spule ohnehin stets langsamer verläuft. Diese äußersten Ränder der Spule waren für die Messung nicht zugänglich.

Abbildung 4 und 5 zeigen in ihrem oberen Teil für Langhanfgarn Nm 6 die Trocknungskurven bei 50, 70 und 90 °C und einer jeweils konstanten rel. Feuchtigkeit der Trocknungsluft von 7 % bzw. die Trocknungskurven bei 7,

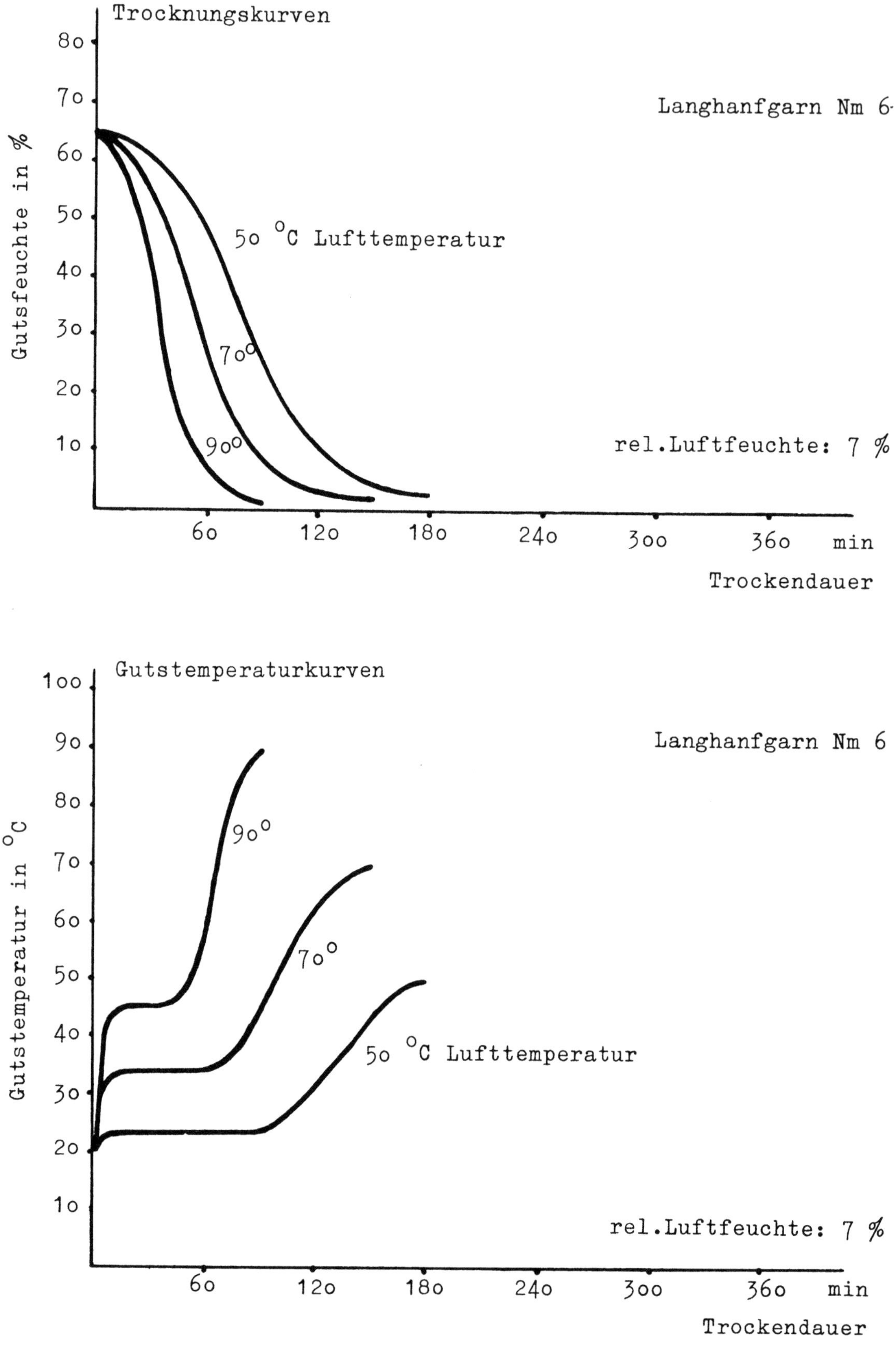

A b b i l d u n g 4

Trocknung von Hanfgarnen

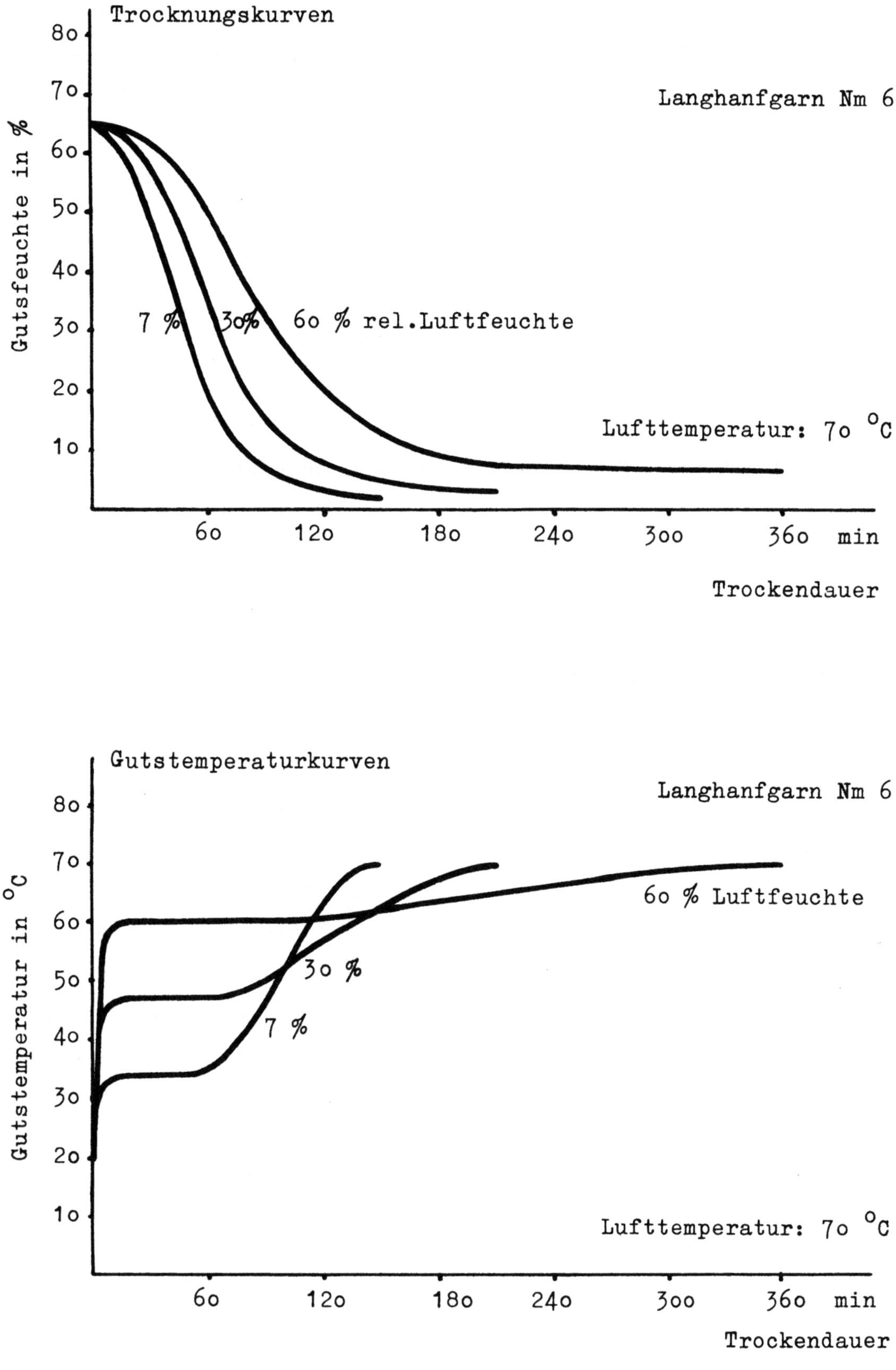

A b b i l d u n g 5

Trocknung von Hanfgarnen

3o und 6o % rel. Feuchtigkeit und 7o °C der Trocknungsluft. Die Feuchtigkeiten sind Mittel der Meßwerte aus 3 Radial- und 3 Höhenschichten. Sie kennzeichnen somit jeweils den mittleren Feuchtigkeitsgehalt der ganzen Kreuzspulen. Darüber hinaus gibt Tabelle 1 für alle Garne, nämlich Langhanfgarn Nm 6, Hanfwerggarn Nm 5 und Flachswerggarn Nm 5 die Trocknungszeiten und Restfeuchtigkeiten wieder.

Wie zu erwarten, bedingen niedrigere Temperaturen und höhere Luftfeuchtigkeiten eine Verlängerung der Trocknungsdauer und eine Erhöhung des Restfeuchtigkeitsgehaltes. So dauerte die Trocknung des Langhanfgarns bei 7 % Luftfeuchtigkeit ca. 18o min bzw. nur 9o min, je nachdem, ob die Trocknungsluft eine Temperatur von 5o oder 9o °C hatte. Analog werden bei 7o °C 36o min bzw. nur 15o min benötigt, je nachdem die rel. Luftfeuchtigkeit 6o oder 7 % beträgt. Die genannten Trocknungszeiten beziehen sich auf die am längsten trocknende Schicht der Kreuzspule.

Die Restfeuchtigkeiten, wiederum am Beispiel des Langhanfgarnes gezeigt, betragen z.B. bei 7o °C 1,9 bzw. 6,77 %, je nach rel. Trocknungsluftfeuchte von 7 oder 6o %. Analog verbleiben im Material nach Beendigung der Trocknung mit 7 % rel. Luftfeuchtigkeit bei 5o °C 2,5 und bei 9o °C o,92 % Wasser.

Abbildung 6 vermittelt das Bild des unterschiedlichen Trocknungsverlaufs der 3 Garnarten bei einer Temperatur von 7o °C und einer rel. Feuchtigkeit der Trocknungsluft von 3o % (vergl. auch Tab. 1). Während das Langhanfgarn bereits nach 21o min eine konstante Restfeuchte und damit das Ende des Trocknungsvorganges erreicht hatte, betrug die Trocknungsdauer bei Hanfwerggarn etwa 3oo min, bei Flachswerggarn sogar 36o min. Einen der Trocknungsdauer analogen Unterschied weisen auch die Restfeuchten auf, die im allgemeinen eine Tendenz zeigen, daß das Langhanfgarn vergleichsweise die geringste, das Flachswerggarn die höchste Feuchtigkeit behalten. Diese Beobachtungen hängen mit der durchweg gemachten Feststellung zusammen, daß das Flachswerggarn in der Kreuzspule beim Einsatz stets einen höheren Feuchtigkeitsgehalt hatte als die Hanfgarne, obwohl sämtliche Spinn- und Spularbeiten unter gleichen Bedingungen erfolgten. Aus den sehr zahlreichen Konditionierungen ließ sich, wenn auch mit gewissen Schwankungen nach oben und unten, die Größenordnung für den Wassergehalt der zur Trocknung kommenden Spulen wie folgt erkennen:

Flachswerggarn	Nm 5	rd. 8o %	Wassergehalt
Hanfwerggarn	Nm 5	rd. 75 %	Wassergehalt
Langhanfgarn	Nm 6	rd. 65 %	Wassergehalt.

T a b e l l e 1

Restfeuchte f und annähernde Trocknungsdauer t+) für Garne auf Kreuzspulen bei unterschiedlichen Zuständen der Trocknungsluft

Trocknungsluftzustand		Langhanfgarn Nm 6		Hanfwerggarn Nm 5		Flachswerggarn Nm 5	
Temp. °C	rel.LF. %	f (%)	t (min)	f (%)	t (min)	f (%)	t (min)
5o	7	2,51	18o	2,63	19o	2,67	21o
7o	7	1,9o	15o	1,92	16o	2,13	18o
	3o	3,13	21o	3,67	3oo	4,13	36o
	6o	6,77	36o	6,27	42o	6,73	57o
9o	7	o,92	9o	1,13	12o	1,16	15o
	3o	3,oo	3oo	3,35	33o	3,48	42o

+) bei einer Anfangsfeuchte von 65 % für Langhanf, 75 % für Hanfwerg- und 8o % für Flachswerggarn (s. Text).

Die Gründe für die Fähigkeit, unterschiedlich viel Wasser zu binden, liegen wohl darin, daß das Werggarn infolge größerer äußerer Ungleichmäßigkeit einen weniger strengen und damit voluminöseren Aufbau hat als das Langhanfgarn und so mehr Wasser aufzunehmen vermag. Das unterschiedliche Wasserbindevermögen des Flachswerggarns gegenüber den Hanfgarnen läßt sich gegebenenfalls darauf zurückführen, daß die Einzelfaserzellen des Flachses im allgemeinen stärker sind (15 - 2o µ Breite) und gleichzeitig eine dickere Zellwand besitzen als die Hanfzellen, deren Breite im Bereich von 1o - 15 µ zu liegen pflegt (TOBLER). Infolgedessen kann der Flachszelle ein stärkeres Wasseraufnahme- und Quellvermögen zuerkannt werden.

Durch die obigen Ausführungen ist auch die bekannte Tatsache erklärt, daß die Trocknungszeiten für Hanfgarne kürzer angesetzt werden können als die äquivalenter Flachsgarne.

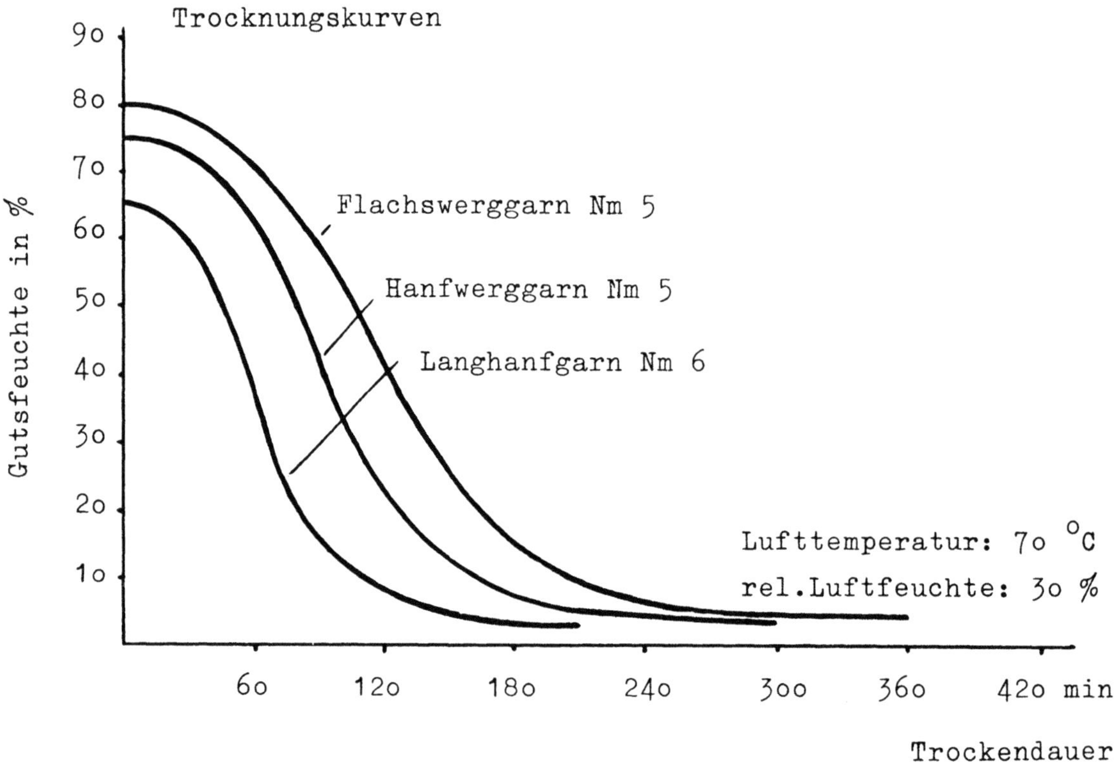

A b b i l d u n g 6
Trocknung von Hanfgarnen

Während die Trocknungskurven den Ablauf der Trocknung, Anfangs- und Restfeuchte sowie die Feuchtigkeit der Probe in jedem Zeitpunkt charakterisieren, lassen die Kurven der Gutstemperatur die Wärmevorgänge im Inneren des Garns erkennen. Bekanntlich stimmt die Temperatur des Materials vor Beendigung der Trocknung keineswegs mit jener der umgebenden Luft überein, worauf noch weiter unten einzugehen sein wird.

Die Berechnung der Gutstemperaturen in jedem Zeitpunkt der Trocknung kann unter Verwendung des "MOLLIER'schen ix-Diagramms für feuchte Luft" vorgenommen werden, wenn die Abhängigkeit der Gutsfeuchte von der rel. Feuchtigkeit der umgebenden Luft bekannt ist, die übrigens temperaturabhängig ist. Die Abhängigkeit wird in den sog. "Sorptionskurven" dargestellt. Diese können entwickelt werden, indem die bei Anwendung verschiedener Zustände der Trocknungsluft erhaltenen Restfeuchtigkeiten sinngemäß zusammengestellt werden. Die mit Hanfgarnen vorgenommenen Trocknungsversuche hatten jedoch eine für die Konstruktionen der Sorptionskurven erforderliche Anzahl von Variationen nicht aufzuweisen. Wir haben deshalb für die Berechnung der Gutstemperatur und ihrer Schaulinien die für

Flachsgarne in den erwähnten Berichten über die Trocknung der Leinengarne niedergelegten Sorptionskurven verwendet und sind uns bewußt, damit eine gewisse Unkorrektheit in Kauf nehmen zu müssen. Die auftretenden Unterschiede in den Restfeuchten der Flachs- und Hanfgarne wurden bei der Besprechung der Trocknungskurven erwähnt. Sie sind jedoch nicht so groß, als daß Fehler zu befürchten wären, die über die bei Betriebsversuchen an sich zu erwartenden Ungenauigkeiten hinausgehen.

In der älteren und neueren Literatur finden sich Formeln, die auf rechnerischem Wege die Aufstellung der Sorptionskurven in einem gewissen Bereich ermöglichen. Bereits MÜLLER[4] hat aufgrund von Versuchsergebnissen folgende Beziehung aufgestellt:

$$W_c = (\alpha + \beta\varphi) \cdot \sqrt[4]{100 - t}$$

Hierin bedeuten:

φ = rel. Luftfeuchtigkeit in %

t = Lufttemperatur in °C

Die konstanten Werte α und β sind für Flachs:

$$\alpha = 1{,}2330; \quad \beta = 0{,}30355$$

TIMONIN[5] hat größere Abweichungen der praktischen Versuchsergebnisse von den nach MÜLLER berechneten Werten festgestellt. Er entwickelte eine neue Formel, die wie folgt lautet:

$$W_c = \frac{\varphi}{a + \frac{b\,t}{100-t}} \left[1 + \frac{(c - \varphi)^2}{d} \right]$$

Die Koeffizienten a, b, c und d sind aufgrund von Versuchserfahrungen wie folgt einzusetzen:

Flachs: a = 6,45; b = 1,75; c = 63; d = 4 000
Hanf : a = 6,00; b = 1,50; c = 63; d = 4 500

---

4) MÜLLER, E.: Z.Ziv.-Ing. 1882, S. 57

5) TIMONIN, A.M.: Bestimmung des Feuchtigkeitsgehaltes pflanzlicher Fasern. Textil-Ind. (russ.) 13 (1953), Nr. 12; wiedergegeben in Faserforschung und Textil-Technik 5 (1954), H. 3, S. 130 - 132

Nach Mitteilung des Verfassers stimmen die mit Hilfe dieser Formeln errechneten Feuchtigkeitswerte mit den Versuchsergebnissen im Bereich zwischen 40 und 100 % rel. Luftfeuchtigkeit und für Temperaturen zwischen 10 und 32 °C gut überein. Aus den Ausführungen TIMONIN's geht nicht hervor, ob sich die von ihm genannte Formel auf die Veränderung der Feuchtigkeit bei Wasserabgabe (Desorption), wie sie bei den Beobachtungen von Trocknungsvorgängen interessiert, oder bei Wasseraufnahme (Adsorption) bezieht. Bekanntlich ergibt sich zwischen Adsorptions- und Desorptionskurve eine Hysteresisschleife.

Die Gutstemperaturkurven, entwickelt aus den Trocknungskurven unter Zuhilfenahme des ix-Diagramms für feuchte Luft und in Kenntnis der Abhängigkeit von Guts- und Luftfeuchtigkeit, geben also - um dies zu wiederholen - die Veränderung der Temperatur im Innern des Garns bei Ablauf der Trocknung wieder. Es wurde bereits gesagt, daß das in die Trocknungsluft eingesetzte Garn nicht sofort die Temperatur der sie umgebenden Luft annimmt. Es wärmt sich bei Beginn der Trocknung bis auf eine durch die Höhe der rel. Feuchtigkeit der Trocknungsluft bestimmte Temperatur auf, und zwar liegt diese Gutstemperatur der Trocknungslufttemperatur desto näher, je höher die rel. Luftfeuchtigkeit ist. Trotzdem bedingt die höhere Luftfeuchtigkeit eine längere Trocknungsdauer und bewirkt ungünstigerweise eine längere Einwirkungszeit der höheren Gutstemperatur. Für die hier beschriebenen Versuche ergaben sich für diese Periode der Trocknung, anschließend an die erste Aufwärmung, Temperaturen gemäß folgender Zusammenstellung:

Temp. °C	rel.LF. %	Gutstemp. °C
50	7	23,5
70	7	34,0
	30	47,5
	60	60,0
90	7	45,5
	30	63,0

Die Konstanz der Gutstemperatur auf der vorstehend angegebenen Höhe ist beendet, wenn der Feuchtigkeitsgehalt des Garns unter die Sättigungsfeuchte[6)] sinkt.

---

6) Sättigungsfeuchte = Feuchtigkeitsgehalt bei 100 % rel. Luftfeuchtigkeit. (Für Bastfasergarne im Bereich von 25 - 30 %).

Als zweite Periode des Trocknungsvorganges beginnt jetzt ein Anstieg der Gutstemperatur, der je nach den Trocknungsbedingungen, d.h. nach dem Zustand der Trocknungsluft, mehr oder weniger steil verläuft. Der Trocknungsvorgang ist beendet, wenn die Gutstemperatur die Trocknungslufttemperatur erreicht. Das Garn besitzt dann die der Lufttemperatur und -feuchtigkeit entsprechende Restfeuchte. Es muß jedoch betont werden, daß diese Verhältnisse in ihrer genauen Auslegung nur für Einzelfäden gelten, die sich in Abstand voneinander befinden, da nur in diesem Fall die Feuchtigkeitszustände um den Faden als gleichmäßig angesehen werden können. Bei näher beieinanderliegenden bzw. sich überkreuzenden Fäden ist die durch die Wasserabgabe der Fäden bedingte Feuchte der sie umgebenden Luftschicht nicht mehr genau definiert, so daß die Gesetze für die Beziehung zwischen Gutsfeuchte und -temperatur nur noch annähernd gelten. Infolgedessen können die Gutstemperaturkurven für die auf Kreuzspulen gewundenen Hanf- und Leinengarne, die aufgrund der theoretischen Beziehungen zwischen Feuchtigkeit und Temperatur ermittelt werden, nur ungefähr den Verlauf der Temperatur innerhalb des Garnes während der Trocknung kennzeichnen.

Die Gutstemperaturkurven für die <u>3 Radialschichten</u> einer Kreuzspule Langhanfgarn Nm 6, getrocknet bei 9o °C und 3o % rel. Feuchtigkeit, finden sich in Abbildung 3 unten. Bei dem angegebenen Zustand der Trocknungsluft sind zunächst alle 3 Schichten auf 63 °C erwärmt. Sobald der Sättigungspunkt des Garnmaterials unterschritten wird, beginnt die Garntemperatur anzusteigen, und zwar im Innern der Spule entsprechend dem dort rascheren Ablauf der Trocknung früher als in der mittleren und äußeren Radialschicht, um die Temperatur der Trocknungsluft (9o °C) zu dem Zeitpunkt zu erreichen, in dem zwischen Guts- und Luftfeuchte Gleichgewicht eintritt.

Abbildung 4 unten gibt für das Langhanfgarn den Verlauf der Gutstemperatur während der Trocknung mit <u>verschiedenen Temperaturen der Trocknungsluft</u> (5o, 7o und 9o °C) bei einer jeweils konstanten rel. Luftfeuchtigkeit von 7 %. In der ersten Periode der Trocknung, d.h. bis zum Erreichen des Sättigungspunktes, herrschen im Garn - wie ersichtlich - folgende Temperaturen:

23,5 °C rd. 9o min bei 5o °C Trocknungsluft
34,o °C rd. 6o min bei 7o °C Trocknungsluft
45,5 °C rd. 4o min bei 9o °C Trocknungsluft

Nachdem die Gutsfeuchtigkeit im Verlauf der Trocknung unter die Sättigungsgrenze gefallen ist, beginnt der Temperaturanstieg bis auf die Höhe der Lufttemperatur. Je höher die letztgenannte ist, desto steiler verläuft dieser Anstieg. Wie bereits aus den Schaulinien über den Trocknungsverlauf erkannt, ist die Trocknung nach 18o min (5o °C), 15o min (7o °C) und 9o min (9o °C), gerechnet vom Trocknungsbeginn, beendet. Es gilt also der Grundsatz, daß bei geringer Trocknungstemperatur die Trocknung in allen Stadien langsamer und den geringen Gutstemperaturen entsprechend schonender verläuft.

Abbildung 5 bringt in ihrem unteren Teil die Gutstemperaturkurven bei Trocknung mit verschiedenen rel. Feuchtigkeiten der Trocknungsluft (7, 3o und 6o %) bei einer konstanten Temperatur von 7o °C. Hier ergibt der Augenschein, daß mit zunehmender Luftfeuchte sich gleich bei Beginn der Trocknung höhere Gutstemperaturen einstellen als bei niedrigeren Luftfeuchten, die zudem auch - entsprechend den zunehmenden Trockenzeiten - länger vorhalten. Bis zum Unterschreiten der Sättigungsgrenze sind die Gutstemperaturen wie folgt:

34,o °C rd. 5o min bei 7 % rel. Luftfeuchtigkeit
47,5 °C rd. 7o min bei 3o % rel. Luftfeuchtigkeit
6o,o °C rd. 1o5 min bei 6o % rel. Luftfeuchtigkeit

Der Anstieg der Gutstemperatur in der zweiten Periode der Trocknung bis auf die Höhe der Lufttemperatur erfolgt naturgemäß bei geringeren Luftfeuchten steiler. Die Trocknung ist mit Einmünden der Gutstemperatur in die Temperatur der Trocknungsluft, wie schon aus den zugehörigen Trocknungskurven ersichtlich gewesen, nach einer Gesamtdauer von 15o, 21o und 36o min beendet. Die längere Dauer entspricht der höheren Luftfeuchtigkeit.

Entgegen etwa gehegten Erwartungen stellt die Trocknung bei erhöhten Luftfeuchtigkeiten also stärkere Beanspruchungen an das Garn, entsprechend den höheren und längere Zeit einwirkenden Gutstemperaturen. Es wird noch zu zeigen sein, in welcher Weise sich diese Verhältnisse auf die Festigkeit der verschieden getrockneten Garne auswirken.

Die in Abbildung 4 und 5 gezeigten Gutstemperaturkurven enthalten ebenso wie die zugehörigen Trocknungskurven die Zusammenfassung aller Meßwerte in den verschiedenen Radial- und Höhenschichten der Kreuzspulen.

Wir haben darauf verzichtet, die Gutstemperaturkurven von den durchgeführten anderen Variationen der Trocknungsversuche sowie für die weiterhin untersuchten Hanf- und Flachswerggarne in den Bericht hereinzunehmen; sie zeigen die gleiche Tendenz mit für die Gesamtbetrachtung nicht ausschlaggebenden Unterschieden.

B. Einfluß der Trocknungsluft auf die Reißfestigkeit

Um die Einwirkung der verschiedenen Trocknungsluftzustände auf die Eigenschaften der Garne nachzuprüfen, sollte - wie bereits geschildert - die Reißfestigkeit von bei Zimmertemperatur getrockneten Garnen als Vergleichswert herangezogen werden. Die Einzelheiten der Probenahme sowie der Festigkeitsuntersuchungen sind in Abschnitt II E dargelegt.

In Tabelle 2 sind jeweils Temperatur und rel. Feuchtigkeit der Trocknungsluft, die mittlere Reißfestigkeit der getrockneten Garne in g und der prozentuale Reißfestigkeitsverlust gegenüber den bei Zimmertemperatur getrockneten Garnen wiedergegeben. Diese Vergleichswerte sind in der ersten Reihe unter Angabe "2o luftgetr." aufgeführt.

Es kann zunächst festgestellt werden, daß bei allen 3 Garnarten bereits durch die Trocknung bei einer Temperatur von nur 5o °C ein erkennbarer, wenn auch geringer Festigkeitsabfall eintritt. Dieser steigert sich mit zunehmender Temperatur, eine konstante rel. Feuchtigkeit der Trocknungsluft vorausgesetzt. Bei 7 % rel. Luftfeuchtigkeit betrug der Reißfestigkeitsverlust je nach Temperatur von 5o, 7o und 9o °C 3,9 %, 6,2 % und 7,2 % beim Langhanfgarn, 1,2 %, 2,8 % und 6,4 % beim Hanfwerggarn, 1,7 %, 3,6 % und 8,5 % beim Flachswerggarn (vgl. auch Abb. 7 oben).

Wie weiterhin aus den Zahlen der Tabelle hervorgeht und auch aus Abbildung 7 zu ersehen ist, tritt eine Steigerung des Festigkeitsverlustes mit Höherwerden der rel. Feuchtigkeit der Trocknungsluft ein. Auf die Ursache dieser Erscheinung wurde bereits in dem vorausgegangenen Abschnitt über die Gutstemperatur eingegangen. Die höhere Luftfeuchtigkeit bedingt höhere Gutstemperaturen in der ersten Trocknungsperiode, die zudem länger vorhält. Beispielsweise beträgt die Gutstemperatur bis zur Sättigungsgrenze bei 7o °C und 7 % rel. Feuchtigkeit der Trocknungsluft 34 °C über rd. 5o min, dagegen bei 6o % rel. Feuchtigkeit 6o °C über rd. 1o5 min. Die Reißfestigkeitsverluste bei 7o °C und einer rel. Feuchtigkeit

Tabelle 2

Reißfestigkeit und Reißfestigkeitsverlust

Temp. °C	rel.LF. %	Langhanfgarn Nm 6 g	Langhanfgarn Nm 6 Verlust %	Hanfwerggarn Nm 5 g	Hanfwerggarn Nm 5 Verlust %	Flachswerggarn Nm 5 g	Flachswerggarn Nm 5 Verlust %
2o luftgetr.		4136	-	3499	-	3312	-
5o	7	3979	3,9	3456	1,2	3256	1,7
7o	7	3882	6,2	34oo	2,8	3193	3,6
	3o	3811	7,9	3315	5,3	2898	12,5
	6o	3775	8,7	3223	7,9	2838	14,3
9o	7	3837	7,2	3274	6,4	3o3o	8,5
	3o	3749	9,4	32o2	8,5	27o9	18,2

der Trocknungsluft von 7, 3o und 6o % wurden mit 6,2 %, 7,9 % und 8,7 % bei Langhanfgarn, mit 2,8 %, 5,3 % und 7,9 % bei Hanfwerggarn sowie mit 3,6 %, 12,5 % und 14,3 % bei Flachswerggarn festgestellt. Eine ähnliche Abhängigkeit zeigte sich bei den mit 9o °C und zwei verschiedenen Luftfeuchtigkeiten (7 und 3o %) getrockneten Garnen.

Der Vergleich der festgestellten Reißfestigkeitsverluste ergibt, daß sie bei dem untersuchten Langhanfgarn durchweg höher sind als beim Hanfwerggarn, wenn auch im Bereich der höheren Temperatur und Luftfeuchtigkeit der Unterschied nicht mehr groß ist. Demgegenüber hat das Flachswerggarn in diesen Bereichen erheblich höhere Verluste gegenüber dem Hanfwerggarn erlitten. Bei 9o °C und 3o % rel. Luftfeuchtigkeit betrugen die festgestellten Reißfestigkeitsverluste 9,4 % beim Langhanfgarn, 8,5 % beim Hanfwerggarn und 18,2 % beim Flachswerggarn. Der letztgenannte Wert entspricht den Erfahrungen unserer früheren Untersuchungsarbeiten mit Leinengarnen.

Die Feststellungen ergaben also eine größere Unempfindlichkeit der Hanfgarne gegenüber ungünstigen Trocknungsbedingungen. Bei niedrigeren Temperaturen bzw. niedrigeren Luftfeuchtigkeiten waren demgegenüber die Verluste des Flachswerggarnes teilweise sogar geringer als die der Hanfgarne. Inwieweit die stärkere Anfälligkeit von Flachs gegenüber Hanf auf die schon vorher angegebenen Eigenschaften der Flachsfasern, in stärkerem Maße Wasser zu binden, zurückzuführen ist, läßt sich nicht ohne weiteres entscheiden.

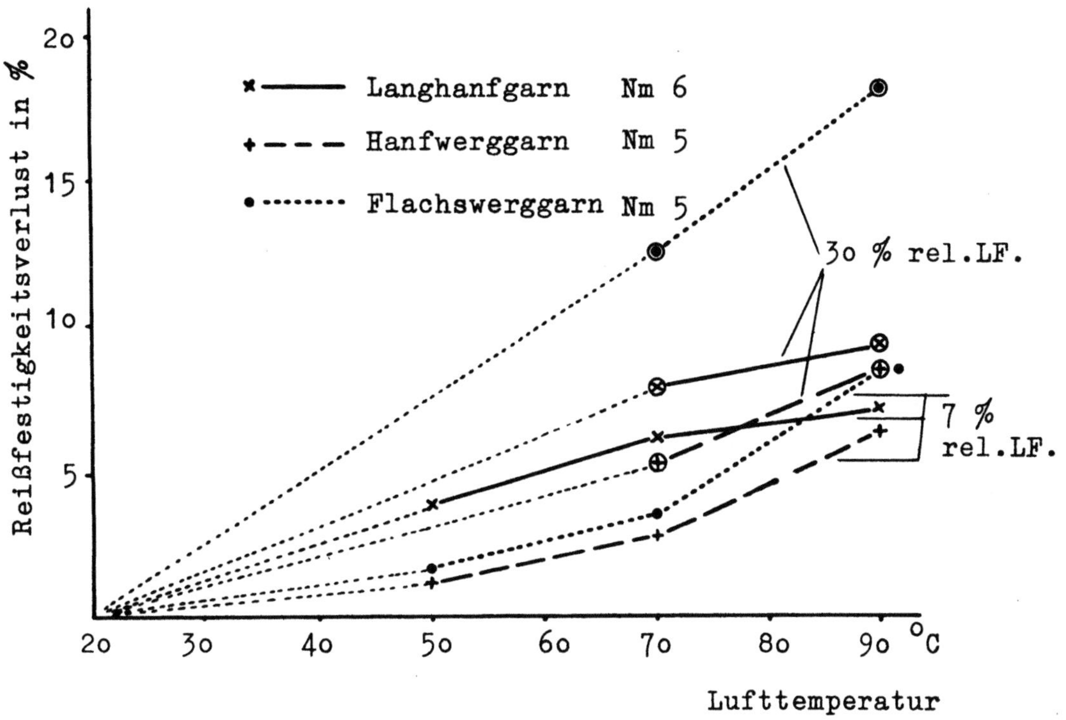

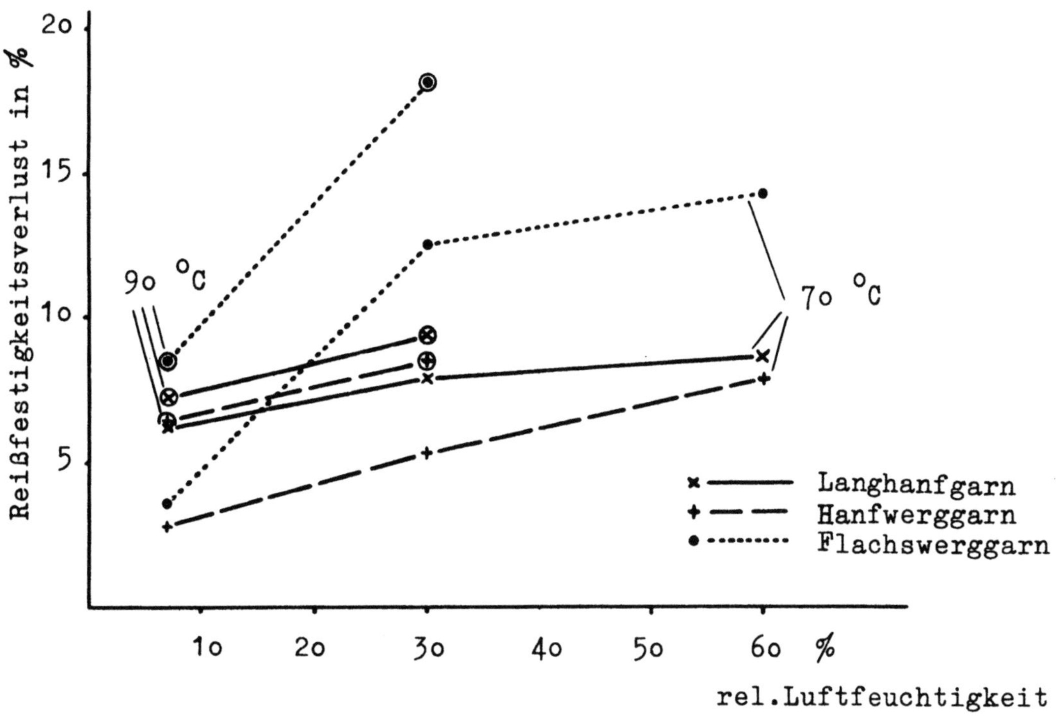

A b b i l d u n g 7

Trocknung von Hanfgarnen. Festigkeitsverluste

Die in Tabelle 2 aufgeführten und in Abbildung 7 gezeigten Werte der Reißfestigkeit bzw. des Reißfestigkeitsverlustes sind Mittelwerte von Ergebnissen der Garnreißungen aus den verschiedenen Schichten der Kreuzspulen.

Es verbleibt zu untersuchen, wie sich das Garn innerhalb der drei Radialschichten hinsichtlich des Reißfestigkeitsverlustes verhält. Leider mußte festgestellt werden, daß die Mittelwerte aus den vorhandenen 6 x 3o = 18o Reißungen je Versuch und Schicht nicht ausreichten, um die störende Streuung der Werte auszuschalten. Um wenigstens die Tendenz im Verhalten der Reißfestigkeiten in den drei Schichten zu erfassen, wurden sämtliche Reißfestigkeitswerte, unabhängig davon, unter welchen Bedingungen getrocknet wurde, also insgesamt 1o8o Meßwerte je Schicht, zu Mittelwerten zusammengefaßt. Daraus ergaben sich folgende mittlere Reißfestigkeitswerte:

	Langhanf	Hanfwerg	Flachswerg
Außenschicht	3 9o2 g	3 4o6 g	3 o17 g
Mittelschicht	3 819 g	3 3o1 g	2 972 g
Innenschicht	3 8o5 g	3 229 g	2 959 g

Aus diesen Gesamtmittelwerten geht hervor, daß die Festigkeitswerte der drei Schichten verschieden hoch liegen, und zwar ist die Schädigung in der Innenschicht größer als in der Mittelschicht, und deren Schädigung wieder höher als die der Außenschicht. Allerdings ist der Unterschied zwischen den Festigkeitswerten der Innen- und Mittelschicht weniger erheblich, dagegen deutlicher zwischen Außen- und Mittelschicht. Dieses Verhalten ist vermutlich darauf zurückzuführen, daß das Garn der Innenschicht nach Vollendung der Trocknung noch zusätzliche Zeit dem Einfluß der Trocknungsluft ausgesetzt bleiben muß. Eine Prüfung der in verschiedenen Höhenlagen der Kreuzspule liegenden Fäden war technisch nicht durchführbar.

Es war nunmehr noch notwendig festzustellen, inwieweit die Unterschiede der mittleren Reißfestigkeitswerte zwischen den bei Zimmertemperatur getrockneten und den unter verschiedenen Trocknungsbedingungen behandelten Garnen statistisch gesichert sind. Die hierbei verwendeten Berechnungsmethoden sind im Abschnitt II Eb näher beschrieben worden.

Für jede Versuchsvariation wurde die Standardabweichung bzw. der Variationskoeffizient der gefundenen Reißfestigkeitswerte berechnet, um ein genaues Bild über die Streuungsverhältnisse zu erhalten und vor allem, um nach dem in Abschnitt II Eb erläuterten Verfahren festzustellen, inwieweit die gefundenen Unterschiede in den mittleren Reißfestigkeiten der bei Zimmertemperatur und der im Trockner getrockneten Garne statistisch gesichert sind. In Tabelle 3 sind die Variationskoeffizienten der Reißfestigkeitswerte zusammengestellt.

Zunächst zeigen die Ergebnisse, daß die drei Garne unterschiedlich hohe Variationskoeffizienten besitzen; der mittlere Variationskoeffizient liegt für das Langhanfgarn bei 2o,5 %, für das Hanfwerggarn bei 18,8 % und für das Flachswerggarn bei 16,6 %. Diese unterschiedliche Streuung charakterisiert die Ungleichmäßigkeit der Festigkeit und ist nicht auf Ursachen zurückzuführen, die innerhalb der hier angestellten Betrachtungen liegen; denn es zeigt sich, daß durch die unterschiedlichen Trocknungsbedingungen die Streuung in den Festigkeitswerten nicht beeinflußt wird, obwohl die mittlere Reißfestigkeit mit steigender Temperatur und steigender rel. Feuchtigkeit der Trocknungsluft, wie gezeigt wurde, in recht erheblichem Maße abnimmt.

T a b e l l e 3

Variationskoeffizienten V in %

Temp. °C	rel. LF. %	Langhanfgarn Nm 6	Hanfwerggarn Nm 5	Flachswerggarn Nm 5
2o luftgetr.		2o,o	18,o	17,7
5o	7	18,9	18,6	16,8
7o	7	19,8	19,5	15,3
	3o	2o,8	19,3	15,9
	6o	2o,5	19,o	17,4
9o	7	23,o	18,2	16,7
	3o	2o,6	18,9	16,4

Werden unter Berücksichtigung von 54o Einzelreißungen der apparatgetrockneten Garne je Trocknungsversuch und 1o8o Einzelreißungen des bei 2o °C getrockneten Garnes sowie unter Verwendung der oben gefundenen Variationskoeffizienten jeweils die erhaltenen Mittelwerte der Reißfestigkeit in die auf Seite 17 angegebene Formel eingesetzt, so ergeben sich die in Tabelle 4 wiedergegebenen Werte für den Vergleichsfaktor t.

T a b e l l e 4

Vergleichsfaktor t

Temp. °C	rel. LF. %	Langhanfgarn Nm 6	Hanfwerggarn Nm 5	Flachswerggarn Nm 5
5o	7	t = 3,9o	t = 1,53	t = 1,77
7o	7	t = 6,o1	t = 3,54	t = 3,88
	3o	8,23	7,o8	14,3
	6o	8,71	8,42	16,2
9o	7	t = 6,18	t = 7,23	t = 9,39
	3o	1o,3	9,8o	2o,8

Bei einer Gesamtzahl von 162o Reißungen liegt die Grenze oberhalb derer mit 99,9 % Sicherheit die Unterschiede in den beiden Reißfestigkeitsmittelwerten statistisch gesichert sind, bei 3,291. In nahezu allen Fällen überschreiten die in der obigen Tabelle wiedergegebenen Werte diese Grenze. Eine Ausnahme bildet lediglich der Unterschied zwischen den bei 5o °C und 7 % rel. Luftfeuchtigkeit behandelten Hanfwerg- und Flachswerggarnen gegenüber den bei 2o °C getrockneten Proben. Dies bedeutet, daß nur in diesen beiden Fällen der festgestellte Festigkeitsverlust unsicher ist, während für alle anderen Variationen des Trocknungsluftzustandes die ermittelte, teilweise erhebliche Schädigung als nachgewiesen gelten kann.

C. Einfluß der Trocknungsluft auf die Reißdehnung

Parallel zu der Abnahme der Reißfestigkeit mit gesteigerter Trocknungsintensität ist folgerichtig auch eine Abnahme der Reißdehnung zu erwarten. Bei den früheren Trocknungsversuchen mit Leinengarnen konnte eine solche mit steigender Trocknungstemperatur und zunehmender rel. Luftfeuchtigkeit wenigstens in der Tendenz festgestellt werden. Bei den hier geschilderten Untersuchungen ergaben die bei der Reißfestigkeitsprüfung bekanntlich gleichzeitig registrierten Dehnungswerte die Möglichkeit einer diesbezüglich deutlichen Feststellung, auch der Richtung nach, nicht.

Wenn - wie bei Untersuchungen von Bastfasergarnen mit ihrer niedrigen absoluten Reißdehnung sehr häufig - bei den Reißdehnungswerten der hier geschilderten Versuche keine eindeutige Tendenz in der Abhängigkeit von der Trocknungsluft beobachtet werden konnte, so ist zu bedenken, daß die Anzeige derartig geringer Dehnungsveränderungen während der Belastung im Festigkeitsprüfer bei der heutigen Bauart der Geräte mindestens Fehlerquellen einschließt. Eine Veränderung der Reißdehnung um beispielsweise o,1 % - das sind bei einer Gesamtreißdehnung von 2,o % bereits 5 % im relativen Sinn - bedeutet ja bei 5oo mm Einspannlänge eine Längenverkürzung bzw. -verlängerung von nur 1/2 mm.

Möglicherweise sind in unserem Falle auch Unterschiede durch die Umspulung des Garns vom Strähn auf die Kreuzspule zu erwarten, die sich dann auch auf die Reißdehnungswerte auszuwirken vermögen. Ein besonderer Unsicherheitsfaktor liegt noch darin, daß bei einem Vergleich der Reißdehnungswerte der bei Zimmertemperatur getrockneten und der auf der Kreuzspule im Trockenapparat getrockneten Garne im erstgenannten Fall das abgeweifte nasse Garn im lockeren Zustand trocken wurde, während das Garn auf der Kreuzspule während der Trocknung in einer bestimmten Lage fixiert war.

Die Untersuchungen der Dehnungsfähigkeit sind sowohl - wie bereits angedeutet - auf dem normalen Festigkeitsprüfapparat als auch auf der Universalprüfmaschine, Bauart Frenzel-Hahn, vorgenommen worden. Es wird darauf verzichtet, die Ergebnisse im einzelnen wiederzugeben, da sie, wie bereits gesagt, keine Möglichkeit geben, die Abhängigkeit der Reißdehnung von dem variierten Zustand der Trocknungsluft zu erkennen.

IV. Zusammenfassung

In Weiterverfolgung der systematischen Arbeiten des Techn.-Wissenschaftl. Büros für die Bastfaserindustrie über die Trocknung naßgesponnener Bastfasergarne wurde über die Ermittlungen des Trocknungsablaufes, der Wärmevorgänge im Innern des Garnes und ihrer Auswirkungen auf die Garneigenschaften bei der Kreuzspultrocknung naßgesponnener Hanfgarne berichtet.

Als Versuchsmaterial dienten Langhanfgarn Nm 6 und Hanfwerggarn Nm 5 sowie - zum Vergleich - Flachswerggarn Nm 5.

In einem im praktischen Betrieb befindlichen Trockenapparat (Bauart Zittauer Maschinenfabrik) waren Temperatur und rel. Feuchtigkeit der Trocknungsluft veränderliche Größen, deren Einfluß auf den Trocknungsvorgang und die Garneigenschaften zu beobachten war. Hierbei wurde mit 5o °C bei 7 %, 7o °C bei 7, 3o und 6o % sowie 9o °C bei 7 und 3o % rel. Feuchtigkeit der Trocknungsluft gearbeitet.

Für alle vorgenommenen Variationen wurden Trocknungskurven, d.h. Abhängigkeitslinien der Gutsfeuchtigkeit von der Trocknungszeit, aufgenommen und daraus Trocknungsdauer und Restfeuchte ermittelt. Die laufende Kontrolle der Gutsfeuchte während der Trocknung der Kreuzspulen erfolgte durch Messung der Veränderung des elektrischen Widerstandes (Textometer). Erhöhte Lufttemperatur beschleunigt den Trocknungsablauf und setzt die Restfeuchte herab. Mit zunehmender Luftfeuchtigkeit erfolgt eine Verzögerung der Trocknung und eine Erhöhung der Restfeuchte. Die Radialschichten der Kreuzspule trocknen verschieden schnell, die innere merklich schneller als die äußere. Der Ablauf der Trocknung in den verschiedenen Höhenschichten kann beeinflußt werden durch die Anordnung und Abdeckung der Spulen im Trockner. Hanfgarne trocknen entsprechend dem geringeren Wassergehalt der nassen Spulen schneller als die zum Vergleich herangezogenen Flachsgarne. Eine Erklärung kann in dem Aufbauunterschied der beiden Faserarten gefunden werden.

Unter Auswertung der Trocknungskurven und der Abhängigkeit zwischen Guts- und Luftfeuchtigkeit (Sorptionskurven) wurden Gutstemperaturkurven aufgestellt. Diese gestatten für jeden Zeitpunkt der Trocknung die Ablesung der im Innern der Fäden herrschenden Temperatur, die bekanntlich keineswegs der Temperatur der Trocknungsluft entspricht und nicht nur von dieser, sondern auch von der Luft- und Gutsfeuchtigkeit beeinflußt wird. Diese Kurven geben interessante Aufschlüsse über die für die Beeinflussung der Garneigenschaften ausschlaggebenden thermischen Vorgänge im Verlauf der Trocknung, die im Bericht eine ausführliche Würdigung finden.

Als Maßstab für die Schädigung der Hanfgarne wurde die Verminderung der Reißfestigkeit der getrockneten Garne gegenüber den gleichen Kreuzspulen entnommenen und bei Zimmertemperatur getrockneten Proben benützt. Im einzelnen wurde dargelegt, daß die Hanf- und Flachswerggarne auf Kreuzspulen im Bereich höherer Lufttemperatur (7o °C und mehr), die Langhanfgarne bereits bei einer Temperatur von 5o °C statistisch gesicherte Schädigungen aufweisen, die mit höherer Temperatur und - in Bestätigung der Beobachtungen bei der Leinengarntrocknung - mit zunehmender Feuchtigkeit der Trocknungsluft ansteigende Werte zeigen. Die Hanfgarne erwiesen sich gegen Trocknungseinflüsse weniger empfindlich als das Flachswerggarn. Die maximal (bei 9o °C und 3o % rel. LF.) festgestellten Reißfestigkeitsverluste betrugen beim Langhanfgarn 9,4 %, beim Hanfwerggarn 8,5 % und beim Flachswerggarn 18,2 %. - Hinsichtlich der Reißdehnung ließ sich eine eindeutige Abhängigkeit von dem Trocknungsluftzustand nicht nachweisen.

Dipl.-Ing. W. ROHS
Dr.-Ing. G. SATLOW
Textil-Ing. G. HELLER

Techn.-Wissenschaftl. Büro
für die Bastfaserindustrie, Bielefeld

FORSCHUNGSBERICHTE
DES WIRTSCHAFTS- UND VERKEHRSMINISTERIUMS
NORDRHEIN-WESTFALEN

Herausgegeben von Staatssekretär Prof. Leo Brandt

Heft 1:
Prof. Dr.-Ing. E. Flegler, Aachen
Untersuchungen oxydischer Ferromagnet-Werkstoffe

Heft 2:
Prof. Dr. W. Fuchs, Aachen
Untersuchungen über absatzfreie Teeröle

Heft 3:
Techn.-Wissenschaftl. Büro für die Bastfaserindustrie, Bielefeld
Untersuchungsarbeiten zur Verbesserung des Leinenwebstuhls

Heft 4:
Prof. Dr. E. A. Müller und Dipl.-Ing. H. Spitzer, Dortmund
Untersuchungen über die Hitzebelastung in Hüttebetrieben

Heft 5:
Dipl.-Ing. W. Fister, Aachen
Prüfstand der Turbinenuntersuchungen

Heft 6:
Prof. Dr. W. Fuchs, Aachen
Untersuchungen über die Zusammensetzung und Verwendbarkeit von Schwelteerfraktionen

Heft 7:
Prof. Dr. W. Fuchs, Aachen
Untersuchungen über emsländisches Petrolatum

Heft 8:
M. E. Meffert und H. Stratmann, Essen
Algen-Großkulturen im Sommer 1951

Heft 9:
Techn.-Wissenschaftl. Büro für die Bastfaserindustrie, Bielefeld
Untersuchungen über die zweckmäßige Wicklungsart von Leinengarnkreuzspulen unter Berücksichtigung der Anwendung hoher Geschwindigkeiten des Garnes
Vorversuche für Zetteln und Schären von Leinengarnen auf Hochleistungsmaschinen

Heft 10:
Prof. Dr. W. Vogel, Köln
„Das Streifenpaar" als neues System zur mechanischen Vergrößerung kleiner Verschiebungen und seine technischen Anwendungsmöglichkeiten

Heft 11:
Laboratorium für Werkzeugmaschinen und Betriebslehre, Technische Hochschule Aachen
1. Untersuchungen über Metallbearbeitung im Fräsvorgang mit Hartmetallwerkzeugen und negativem Spanwinkel
2. Weiterentwicklung des Schleifverfahrens für die Herstellung von Präzisionswerkstücken unter Vermeidung hoher Temperaturen
3. Untersuchung von Oberflächenveredlungsverfahren zur Steigerung der Belastbarkeit hochbeanspruchter Bauteile

Heft 12:
Elektrowärme-Institut, Langenberg (Rhld.)
Induktive Erwärmung mit Netzfrequenz

Heft 13:
Techn.-Wissenschaftl. Büro für die Bastfaserindustrie, Bielefeld
Das Naßspinnen von Bastfasergarnen mit chemischen Zusätzen zum Spinnbad

Heft 14:
Forschungsstelle für Acetylen, Dortmund
Untersuchungen über Aceton als Lösungsmittel für Acetylen

Heft 15:
Wäschereiforschung Krefeld
Trocknen von Wäschestoffen

Heft 16:
Max-Planck-Institut für Kohlenforschung, Mülheim a. d. Ruhr
Arbeiten des MPI für Kohlenforschung

Heft 17:
Ingenieurbüro Herbert Stein, M. Gladbach
Untersuchung der Verzugsvorgänge in den Streckwerken verschiedener Spinnereimaschinen. 1. Bericht: Vergleichende Prüfung mit verschiedenen Dickenmeßgeräten

Heft 18:
Wäschereiforschung Krefeld
Grundlagen zur Erfassung der chemischen Schädigung beim Waschen

Heft 19:
Techn.-Wissenschaftl. Büro für die Bastfaserindustrie, Bielefeld
Die Auswirkung des Schlichtens von Leinengarnketten auf den Verarbeitungswirkungsgrad, sowie die Festigkeit und Dehnungsverhältnisse der Garne und Gewebe

Heft 20:
Techn.-Wissenschaftl. Büro für die Bastfaserindustrie, Bielefeld
Trocknung von Leinengarnen I
Vorgang und Einwirkung auf die Garnqualität

Heft 21:
Techn.-Wissenschaftl. Büro für die Bastfaserindustrie, Bielefeld
Trocknung von Leinengarnen II
Spulenanordnung und Luftführung beim Trocknen von Kreuzspulen

Heft 22:
Techn.-Wissenschaftl. Büro für die Bastfaserindustrie, Bielefeld
Die Reparaturanfälligkeit von Webstühlen

Heft 23:
Institut für Starkstromtechnik, Aachen
Rechnerische und experimentelle Untersuchungen zur Kenntnis der Metadyne als Umformer von konstanter Spannung auf konstanten Strom

Heft 24:
Institut für Starkstromtechnik, Aachen
Vergleich verschiedener Generator-Metadyne-Schaltungen in bezug auf statisches Verhalten

Heft 25:
Gesellschaft für Kohlentechnik mbH., Dortmund-Eving
Struktur der Steinkohlen und Steinkohlen-Kokse

Heft 26:
Techn.-Wissenschaftl. Büro für die Bastfaserindustrie, Bielefeld
Vergleichende Untersuchungen zweier neuzeitlicher Ungleichmäßigkeitsprüfer für Bänder und Garne hinsichtlich ihrer Eignung für die Bastfaserspinnerei

Heft 27:
Prof. Dr. E. Schratz, Münster
Untersuchungen zur Rentabilität des Arzneipflanzenanbaues
Römische Kamille, Anthemis nobilis L.

Heft 28:
Prof. Dr. E. Schratz, Münster
Calendula officinalis L. Studien zur Ernährung, Blütenfüllung und Rentabilität der Drogengewinnung Rentabilität der

Heft 29:
Techn.-Wissenschaftl. Büro für die Bastfaserindustrie, Bielefeld
Die Ausnützung der Leinengarne in Geweben

Heft 30:
Gesellschaft für Kohlentechnik mbH., Dortmung-Eving
Kombinierte Entaschung und Verschwelung von Steinkohle; Aufarbeitung von Steinkohlenschlämmen zu verkokbarer oder verschwelbarer Kohle

Heft 31:
Dipl.-Ing. Störmann, Essen
Messung des Leistungsbedarfs von Doppelsteg-Kettenförderern

Heft 32:
Techn.-Wissenschaftl. Büro für die Bastfaserindustrie, Bielefeld
Der Einfluß der Natriumchloridbleiche auf Qualität und Verwebbarkeit von Leinengarnen und die Eigenschaften der Leinengewebe unter besonderer Berücksichtigung des Einsatzes von Schützen- und Spulenwechselautomaten in der Leinenweberei

Heft 33:
Kohlenstoffbiologische Forschungsstation e. V.
Eine Methode zur Bestimmung von Schwefeldioxyd und Schwefelwasserstoff in Rauchgasen und in der Atmosphäre

Heft 34:
Textilforschungsanstalt Krefeld
Quellungs- und Entquellungsvorgänge bei Faserstoffen

Heft 35:
Professor Dr. W. Kast, Krefeld
Feinstrukturuntersuchungen an künstlichen Zellulosefasern verschiedener Herstellungsverfahren

Heft 36:
Forschungsinstitut der feuerfesten Industrie, Bonn
Untersuchungen über die Trocknung von Rohton
Untersuchungen über die chemische Reinigung von Silika- und Schamotte-Rohstoffen mit chlorhaltigen Gasen

Heft 37:
Forschungsinstitut der feuerfesten Industrie, Bonn
Untersuchungen über den Einfluß der Probenvorbereitung auf die Kaltdruckfestigkeit feuerfester Steine

Heft 38:
Forschungsstelle für Acetylen, Dortmund
Untersuchungen über die Trocknung von Acetylen zur Herstellung von Dissousgas

Heft 39:
Forschungsgesellschaft Blechverarbeitung e. V., Düsseldorf
Untersuchungen an prägegemusterten und vorgelochten Blechen

Heft 40:
Landesgeologe Dr.-Ing. W. Wolff, Amt für Bodenforschung, Krefeld
Untersuchungen über die Anwendbarkeit geophysikalischer Verfahren zur Untersuchung von Spateisengängen im Siegerland

Heft 41:
Techn.-Wissenschaftl. Büro für die Bastfaserindustrie, Bielefeld
Untersuchungsarbeiten zur Verbesserung des Leinenwebstuhles II

Heft 42:
Professor Dr. B. Helferich, Bonn
Untersuchungen über Wirkstoffe — Fermente — in der Kartoffel und die Möglichkeit ihrer Verwendung

Heft 43:
Forschungsgesellschaft Blechverarbeitung e. V., Düsseldorf
Forschungsergebnisse über das Beizen von Blechen

Heft 44:
Arbeitsgemeinschaft für praktische Dehnungsmessung, Düsseldorf
Eigenschaften und Anwendungen von Dehnungsmeßstreifen

Heft 45:
Losenhausenwerk Düsseldorfer Maschinenbau AG., Düsseldorf
Untersuchungen von störenden Einflüssen auf die Lastgrenzenanzeige von Dauerschwingprüfmaschinen

Heft 46:
Prof. Dr. W. Fuchs, Aachen
Untersuchungen über die Aufbereitung von Wasser für die Dampferzeugung in Benson-Kesseln

Heft 47:
Prof. Dr.-Ing. K. Krekeler, Aachen
Versuche über die Anwendung der induktiven Erwärmung zum Sintern von hochschmelzenden Metallen sowie zur Anlegierung und Vergütung von aufgespritzten Metallschichten mit dem Grundwerkstoff

Heft 48:
Max-Planck-Institut für Eisenforschung, Düsseldorf
Spektrochemische Analyse der Gefügebestandteile in Stählen nach ihrer Isolierung

Heft 49:
Max-Planck-Institut für Eisenforschung, Düsseldorf
Untersuchungen über Ablauf der Desoxydation und die Bildung von Einschlüssen in Stählen

Heft 50:
Max-Planck-Institut für Eisenforschung, Düsseldorf
Flammenspektralanalytische Untersuchung der Ferritzusammensetzung in Stählen

Heft 51:
Verein zur Förderung von Forschungs- und Entwicklungsarbeiten in der Werkzeugindustrie e. V., Remscheid
Untersuchungen an Kreissägeblättern für Holz,
Fehler- und Spannungsprüfverfahren

Heft 52:
Forschungsstelle für Azetylen, Dortmund
Untersuchungen über den Umsatz bei der explosiblen Zersetzung von Azetylen
a) Zersetzung von gasförmigem Azetylen,
b) Zersetzung von an Silikagel adsorbiertem Azetylen

Heft 53:
Professor Dr.-Ing. H. Opitz, Aachen
Reibwert- und Verschleißmessungen an Kunststoffgleitführungen für Werkzeugmaschinen

Heft 54:
Professor Dr.-Ing. F. A. F. Schmidt, Aachen
Schaffung von Grundlagen für die Erhöhung der spez. Leistung und Herabsetzung des spez. Brennstoffverbrauches bei Ottomotoren mit Teilbericht über Arbeiten an einem neuen Einspritzverfahren

Heft 55:
Forschungsgesellschaft Blechverarbeitung e.V., Düsseldorf
Chemisches Glänzen von Messing und Neusilber

Heft 56:
Forschungsgesellschaft Blechverarbeitung e. V., Düsseldorf
Untersuchungen über einige Probleme der Behandlung von Blechoberflächen

Heft 57:
Prof. Dr.-Ing. F. A. F. Schmidt, Aachen
Untersuchungen zur Erforschung des Einflusses des chemischen Aufbaues des Kraftstoffes auf sein Verhalten im Motor und in Brennkammern von Gasturbinen

Heft 58:
Gesellschaft für Kohlentechnik m. b. H., Dortmund
Herstellung und Untersuchung von Steinkohlenschwelteer

Heft 59:
Forschungsinstitut der Feuerfest-Industrie e.V., Bonn
Ein Schnellanalysenverfahren zur Bestimmung von Aluminiumoxyd, Eisenoxyd und Titanoxyd in feuerfestem Material mittels organischer Farbreagenzien auf photometrischem Wege
Untersuchungen des Alkali-Gehaltes feuerfester Stoffe mit dem Flammenphotometer nach Riehm-Lange

Heft 60:
Forschungsgesellschaft Blechverarbeitung e. V., Düsseldorf
Untersuchungen über das Spritzlackieren im elektrostatischen Hochspannungsfeld

Heft 61:
Verein zur Förderung von Forschungs- und Entwicklungsarbeiten in der Werkzeugindustrie e. V., Remscheid
Schwingungs- und Arbeitsverhalten von Kreissägeblättern für Holz

Heft 62:
Professor Dr. W. Franz, Institut für theoretische Physik der Universität Münster
Berechnung des elektrischen Durchschlags durch feste und flüssige Isolatoren

Heft 63:
Textilforschungsanstalt Krefeld
Neue Methoden zur Untersuchung der Wirkungsweise von Textilhilfsmitteln
Untersuchungen über Schlichtungs- und Entschlichtungsvorgänge

Heft 64:
Textilforschungsanstalt Krefeld
Die Kettenlängenverteilung von hochpolymeren Faserstoffen
Über die fraktionierte Fällung von Polyamiden

Heft 65:
Fachverband Schneidwarenindustrie, Solingen
Untersuchungen über das elektrolytische Polieren von Tafelmesserklingen aus rostfreiem Stahl

Heft 66:
Dr.-Ing. P. Füsgen VDI †, Düsseldorf
Untersuchungen über das Auftreten des Ratterns bei selbsthemmenden Schneckengetrieben und seine Verhütung

Heft 67:
Heinrich Wösthoff o. H. G., Apparatebau, Bochum
Entwicklung einer chemisch-physikalischen Apparatur zur Bestimmung kleinster Kohlenoxyd-Konzentrationen

Heft 68:
Kohlenstoffbiologische Forschungsstation e. V., Essen
Algengroßkulturen im Sommer 1952
II. Über die unsterile Großkultur von Scenedesmus obliquus

Heft 69:
Wäschereiforschung Krefeld
Bestimmung des Faserabbaues bei Leinen unter besonderer Berücksichtigung der Leinengarnbleiche

Heft 70:
Wäschereiforschung Krefeld
Trocknen von Wäschestoffen

Heft 71:
Prof. Dr.-Ing. K. Leist, Aachen
Kleingasturbinen, insbesondere zum Fahrzeugantrieb

Heft 72:
Prof. Dr.-Ing. K. Leist, Aachen
Beitrag zur Untersuchung von stehenden geraden Turbinengittern mit Hilfe von Druckverteilungsmessungen

Heft 73:
Prof. Dr.-Ing. K. Leist, Aachen
Spannungsoptische Untersuchungen von Turbinenschaufelfüßen

Heft 74:
Max-Planck-Institut für Eisenforschung, Düsseldorf
Versuche zur Klärung des Umwandlungsverhaltens eines sonderkarbidbildenden Chromstahls

Heft 75:
Max-Planck-Institut für Eisenforschung, Düsseldorf
Zeit-Temperatur-Umwandlungs-Schaubilder als Grundlage der Wärmebehandlung der Stähle

Heft 76:
Max-Planck-Institut für Arbeitsphysiologie, Dortmund
Arbeitstechnische und arbeitsphysiologische Rationalisierung von Mauersteinen

Heft 77:
Meteor Apparatebau Paul Schmeck G. m. b H., Siegen
Entwicklung von Leuchtstoffröhren hoher Leistung

Heft 78:
Forschungsstelle für Acetylen, Dortmund
Über die Zustandsgleichung des gasförmigen Acetylens und das Gleichgewicht Acetylen — Aceton

Heft 79:
Techn.-Wissenschaftl. Büro für die Bastfaserindustrie, Bielefeld
Trocknung von Leinengarnen III
Spinnspulen- und Spinnkopstrocknung
Vorgang und Einwirkung auf die Garnqualität

Heft 80:
Techn.-Wissenschaftl. Büro für die Bastfaserindustrie, Bielefeld
Die Verarbeitung von Leinengarn auf Webstühlen mit und ohne Oberbau

Heft 81:
Prüf- und Forschungsinstitut für Ziegeleierzeugnisse, Essen-Kray
Die Einführung des großformatigen Einheits-Gitterziegels im Lande Nordrhein-Westfalen

Heft 82:
Vereinigte Aluminium-Werke AG., Bonn
Forschungsarbeiten auf dem Gebiet der Veredelung von Aluminium-Oberflächen

Heft 83:
Prof. Dr. S. Strugger, Münster
Über die Struktur der Proplastiden

Heft 84:
Dr. H. Baron, Düsseldorf
Über Standardisierung von Wundtextilien

Heft 85:
Textilforschungsanstalt Krefeld
Physikalische Untersuchungen an Fasern, Fäden, Garnen und Geweben:
Untersuchungen am Knickscheuergerät nach Weltzien

Heft 86:
Prof. Dr.-Ing. H. Opitz, Aachen
Untersuchungen über das Fräsen von Baustahl sowie über den Einfluß des Gefüges auf die Zerspanbarkeit

Heft 87:
Gemeinschaftsausschuß Verzinken, Düsseldorf
Untersuchungen über Güte von Verzinkungen

Heft 88:
Gesellschaft für Kohlentechnik mbH., Dortmund-Eving
Oxydation von Steinkohle mit Salpetersäure

Heft 89:
Verein Deutscher Ingenieure, Gleitlagerforschung, Düsseldorf und Prof. Dr.-Ing. G. Vogelpohl, Göttingen
Versuche mit Preßstoff-Lagern für Walzwerke

Heft 90:
Forschungs-Institut der Feuerfest-Industrie, Bonn
Das Verhalten von Silikasteinen im Siemens-Martin-Ofengewölbe

Heft 91:
Forschungs-Institut der Feuerfest-Industrie, Bonn
Untersuchungen des Zusammenhangs zwischen Leistung und Kohlenverbrauch von Kammeröfen zum Brennen von feuerfesten Materialien

Heft 92:
Techn.-Wissenschaftl. Büro für die Bastfaserindustrie, Bielefeld und Laboratorium für textile Meßtechnik, M.-Gladbach
Messungen von Vorgängen am Webstuhl

Heft 93:
Prof. Dr. W. Kast, Krefeld
Spinnversuche zur Strukturerfassung künstlicher Zellulosefasern

Heft 94:
Prof. Dr. G. Winter, Bonn
Die Heilpflanzen des MATTHIOLUS (1611) gegen Infektionen der Harnwege und Verunreinigung der Wunden bzw. zur Förderung der Wundheilung im Lichte der Antibiotikaforschung

Heft 95:
Prof. Dr. G. Winter, Bonn
Untersuchungen über die flüchtigen Antibiotika aus der Kapuziner- (Tropaeolum maius) und Gartenkresse (Lepidium sativum) und ihr Verhalten im menschlichen Körper bei Aufnahme von Kapuziner- bzw. Gartenkressensalat per os

Heft 96:
Dr.-Ing. P. Koch, Dortmund
Austritt von Exoelektronen aus Metalloberflächen unter Berücksichtigung der Verwendung des Effektes für die Materialprüfung

Heft 97:
Ing. H. Stein, Laboratorium für textile Meßtechnik, M.-Gladbach
Untersuchung der Verzugsvorgänge an den Streckwerken verschiedener Spinnereimaschinen
2. Bericht: Ermittlung der Haft-Gleiteigenschaften von Faserbändern und Vorgarnen

Heft 98:
Fachverband Gesenkschmieden, Hagen
Die Arbeitsgenauigkeit beim Gesenkschmieden unter Hämmern

Heft 99:
Prof. Dr.-Ing. G. Garbotz, Aachen
Der Kraft- und Arbeitsaufwand sowie die Leistungen beim Biegen von Bewehrungsstählen in Abhängigkeit von den Abmessungen, den Formen und der Güte der Stähle (Ermittlung von Leistungsrichtlinien)

Heft 100:
Prof. Dr.-Ing. H. Opitz, Aachen
Untersuchungen von elektrischen Antrieben, Steuerungen und Regelungen an Werkzeugmaschinen

Heft 101:
Prof. Dr.-Ing. H. Opitz, Aachen
Wirtschaftlichkeitsbetrachtungen beim Außenrundschleifen

Heft 102:
Dr. P. Hölemann, Ing. R. Hasselmann und Ing. G. Dix, Dortmund
Untersuchungen über die thermische Zündung von explosiblen Acetylenzersetzungen in Kapillaren

Heft 103:
Prof. Dr. W. Weizel, Bonn
Durchführung von experimentellen Untersuchungen über den zeitlichen Ablauf von Funken in komprimierten Edelgasen sowie zu deren mathematischen Berechnung

Heft 104:
Prof. Dr. W. Weizel, Bonn
Über den Einfluß der Elektroden auf die Eigenschaften von Cadmium-Sulfid-Widerstands-Photozellen

Heft 105:
Dr.-Ing. R. Meldau, Harsewinkel/Westf.
Auswertung von Gekörn — Analysen des Musterstaubes „Flugasche Fortuna I"

Heft 106:
ORR. Dr.-Ing. W. Küch, Dortmund
Untersuchungen über die Einwirkung von feuchtigkeitsgesättigter Luft auf die Festigkeit von Leimverbindungen

Heft 107:
Prof. Dr. H. Lange und Dipl.-Phys. P. St. Pütter, Köln
Über die Konstruktion von Laboratoriumsmagneten

Heft 108:
Prof. Dr. W. Fuchs, Aachen
Untersuchungen über neue Beizmethoden und Beizabwässer
I. Die Entzunderung von Drähten mit Natriumhydrid
II. Die Aufbereitung von Beizabwässern

Heft 109:
Dr. P. Hölemann und Ing. R. Hasselmann, Dortmund
Untersuchungen über die Löslichkeit von Azetylen in verschiedenen organischen Lösungsmitteln

Heft 110:
Dr. P. Hölemann und Ing. R. Hasselmann, Dortmund
Untersuchungen über den Druckverlauf bei der explosiblen Zersetzung von gasförmigem Azetylen

Heft 111:
Fachverband Steinzeugindustrie, Köln
Die Entwicklung eines Gerätes zur Beschickung seitlicher Feuer von Steinzeug-Einzelkammeröfen mit festen Brennstoffen

Heft 112:
Prof. Dr.-Ing. H. Opitz, Aachen
Verschleißmessungen beim Drehen mit aktivierten Hartmetallwerkzeugen

Heft 113:
Prof. Dr. O. Graf, Dortmund
Erforschung der geistigen Ermüdung und nervösen Belastung: Studien über die vegetative 24-Stunden-Rhythmik in Ruhe und unter Belastung

Heft 114:
Prof. Dr. O. Graf, Dortmund
Studien über Fließarbeitsprobleme an einer praxisnahen Experimentieranlage

Heft 115:
Prof. Dr. O. Graf, Dortmund
Studium über Arbeitspausen in Betrieben bei freier und zeitgebundener Arbeit (Fließarbeit) und ihre Auswirkung auf die Leistungsfähigkeit

Heft 116:
Prof. Dr.-Ing. E. Siebel und Dr.-Ing. H. Weiss, Stuttgart
Untersuchungen an einigen Problemen des Tiefziehens — I. Teil

Heft 117:
Dr.-Ing. H. Beißwänger, Stuttgart, und Dr.-Ing. S. Schwandt, Trier
Untersuchungen an einigen Problemen des Tiefziehens — II. Teil

Heft 118:
Prof. Dr. E. A. Müller und Dr. H. G. Wenzel, Dortmund
Neuartige Klima-Anlage zur Erzeugung ungleicher Luft- und Strahlungstemperaturen in einem Versuchsraum

Heft 119:
Dr.-Ing. O. Viertel, Krefeld
Wäscherei- und energietechnische Untersuchung einer Gemeinschafts-Waschanlage

Heft 120:
Dipl.-Ing. Weisbecker, Lüdenscheid
Über Anfressung an Reinstaluminium-Schweißnähten bei der elektrolytischen Oxydation
Gebr. Hörstermann GmbH., Velbert
Entwicklung und Erprobung eines neuartigen Gummibandförderers

Heft 121:
Dr. H. Krebs, Bonn
I. Die Struktur und die Eigenschaften der Halbmetalle
II. Die Bestimmung der Atomverteilung in amorphen Substanzen
III. Die chemische Bindung in anorganischen Festkörpern und das Entstehen metallischer Eigenschaften

Heft 122:
Prof. Dr. W. Fuchs, Aachen
Untersuchungen zur Verbesserung der Wasseraufbereitung und Wasseranalyse:
Über die Schnellbewertung von Ionenaustauscher

Heft 123:
Dipl.-Ing. J. Emondts, Aachen
Über Bodenverformungen bei stark gestörtem und mächtigem, wasserführendem Deckgebirge im Aachener Steinkohlengebiet

Heft 124:
Prof. Dr. R. Seÿffert, Köln
Wege und Kosten der Distribution der Hausratwaren im Lande Nordrhein-Westfalen

Heft 125:
Prof. Dr. E. Kappler, Münster
Eine neue Methode zur Bestimmung von Kondensations-Koeffizienten von Wasser

Heft 126:
Prof. Dr.-Ing. J. Mathieu, Aachen
Arbeitszeitvergleich
Grundlagen, Methodik und praktische Durchführung

Heft 127:
Güteschutz Betonstein e. V.,
Arbeitskreis Nordrhein-Westfalen, Dortmund
Die Betonwaren-Gütesicherung im Lande Nordrhein-Westfalen

Heft 128:
Prof. Dr. O. Schmitz-DuMont, Bonn
Untersuchungen über Reaktionen in flüssigem Ammoniak

Heft 129:
Prof. Dr.-Ing. J. Mathieu und Dr. C. A. Roos, Aachen
Die Anlernung von Industriearbeitern
I. Ergebnisse einer grundsätzlichen Untersuchung der gegenwärtigen Industriearbeiter-Kurzanlernung

Heft 130:
Prof.-Dr.-Ing. J. Mathieu und Dr. C. A. Roos, Aachen
Die Anlernung von Industriearbeitern
II. Beiträge zur Methodenfrage der Kurzanlernung

Heft 131:
Dr. W. Hoerburger, Köln
Versuche zur Biosynthese von Eiweiß aus Kohlenwasserstoff

Heft 132:
Prof. Dr. W. Seith, Münster
Über Diffusionserscheinungen in festen Metallen

Heft 133:
Prof. Dr. E. Jenckel, Aachen
Über einen für Schwermetalle selektiven Ionenaustauscher

Heft 134:
Prof. Dr.-Ing. H. Winterhager, Aachen
Über die elektrochemischen Grundlagen der Schmelzfluß-Elektrolyse von Bleisulfid in geschmolzenen Mischungen mit Bleichlorid

Heft 135:
Prof. Dr.-Ing. K. Krekeler und Dr.-Ing. H. Peukert, Aachen
Die Änderung der mechanischen Eigenschaften thermoplastischer Kunststoffe durch Warmrecken

Heft 136:
Dipl.-Phys. P. Pilz, Remscheid
Über spezielle Probleme der Zerkleinerungstechnik von Weichstoffen

Heft 137:
Prof. Dr. W. Baumeister, Münster
Beiträge zur Mineralstoffernährung der Pflanzen

Heft 138:
Dr. P. Hölemann und Ing. R. Hasselmann, Dortmund
Untersuchungen über die Zersetzungswärme von gasförmigem und in Azeton gelöstem Azetylen

Heft 139:
Prof. Dr. W. Fuchs, Aachen
Studien über die thermische Zersetzung der Kohle und die Kohlendestillatprodukte

Heft 140:
Dr.-Ing. G. Hausberg, Essen
Modellversuche an Zyklonen

Heft 141:
Dr. J. van Calker und Dr. R. Wienecke, Münster
Untersuchungen über den Einfluß dritter Analysenpartner auf die spektrochemische Analyse

Heft 142:
Dipl.-Ing. G. M. F. Wiebel, Hannover, A. Konermann und **A. Ottenheym, Sennelager**
Entwicklung eines Kalksandleichtsteines

Heft 143:
Prof. Dr. F. Wever, Dr. A. Rose und Dipl.-Ing. W. Straßburg, Düsseldorf
Härtbarkeit und Umwandlungsverhalten der Stähle

Heft 144:
Prof. Dr. H. Wurmbach, Bonn
Steuerung von Wachstum und Formbildung

Heft 145:
Dr. G. Hennemann, Werdohl (Westf.)
Beitrag zur Interpretation der modernen Atomphysik

Heft 146:
Dr.-Ing. F. Gruß, Düsseldorf
Sterilisation mit Heißluft

Heft 147:
Dr.-Ing. W. Rudisch, Unna
Untersuchung einer drehelastischen Elektromagnet-Synchronkupplung

Heft 148:
Prof. Dr. H. Bittel und Dipl.-Phys. L. Storm, Münster
Untersuchungen über Widerstandsrauschen

Heft 149:
Dipl.-Ing. K. Konopicky und Dipl.-Chem. P. Kampa, Bonn
I. Beitrag zur flammenphotometrischen Bestimmung des Calciums
Dr.-Ing. K. Konopicky, Bonn
II. Die Wanderung von Schlackenbestandteilen in feuerfesten Baustoffen

Heft 150:
Prof. Dr.,Ing. O. Kienzle und Dipl.-Ing. W. Timmerbeil, Hannover
Das Durchziehen enger Kragen an ebenen Fein- und Mittelblechen

Heft 151:
Dipl.-Ing. P. Karabasch, Aachen
Feststellung des optimalen Gasgehaltes von Bronzen zur Erzielung druckdichter Gußstücke

Heft 152:
Dipl.-Ing. G. Müller, Köln
Ermittlung der Laufeigenschaften (Vergießbarkeit) von Bronze und Rotguß mittels der Schneider-Gießspirale

Heft 153:
Prof. Dr. F. Wever, Dr.-Ing. W. A. Fischer und
Dipl-Ing. J. Engelbrecht, Düsseldorf
I. Die Reduktion sauerstoffhaltiger Eisenschmelzen im Hochvakuum mit Wasserstoff und Kohlenstoff
II. Einfluß geringer Sauerstoffgehalte auf das Gefüge und Alterungsverhalten von Reineisen

Heft 154:
Prof. Dr.-Ing. P. Bardenheuer und Dr.-Ing. W. A. Fischer, Düsseldorf
Die Verschlackung von Titan aus Stahlschmelzen im sauren und basischen Hochfrequenzofen unter verschiedenen Schlacken

Heft 155:
Dipl.-Phys. K. H. Schirmer, München
Die auf Grau abgestimmte Farbwiedergabe im Dreifarbenbuchdruck

Heft 156:
Prof. Dr.-Ing. B. von Borries und Mitarbeiter, Düsseldorf
Die Entwicklung regelbarer permanentmagnetischer Elektronenlinsen hoher Brechkraft und eines mit ihnen ausgerüsteten Elektronenmikroskopes neuer Bauart

Heft 157:
Dr. W. Jawtusch, Dr. G. Schuster und Prof. Dr.-Ing. R. Jaeckel, Bonn
Untersuchungen über die Stoßvorgänge zwischen neutralen Atomen und Molekülen

Heft 158:
Dipl.-Ing. W. Rosenkranz, Meinerzhagen
Ein Beitrag zum Problem der Spannungskorrosion bei Preßprofilen und Preßteilen aus Aluminium-Legierungen

Heft 159:
Dr.-Ing. O. Viertel und O. Oldenroth, Krefeld
Das Bleichen von Weißwäsche mit Wasserstoffsuperoxyd bzw. Natriumhypochlorit beim maschinellen Waschen

Heft 160:
Prof. Dr. W. Klemm, Münster
Über neue Sauerstoff- und Fluor-haltige Komplexe

Heft 161:
Prof. Dr. W. Weltzien und Dr. G. Hauschild, Krefeld
Über Silikone und ihre Anwendung in der Textilveredlung

Heft 162:
Prof. Dr. F. Wever, Prof. Dr. A. Knochendörfer und
Dr.-Ing. Chr. Rohrbach, Düsseldorf
Kennzeichnung der Sprödbruchneigung von Stählen durch Messung der Fließspannung, Reißspannung und Brucheinschnürung an dreiachsig beanspruchten Proben

Heft 163:
Dipl.-Ing. W. Rohs und Text.-Ing. H. Griese, Bielefeld
Untersuchungsarbeiten zur Verbesserung des Leinenwebstuhles III

Heft 164:
Dr.-Ing. H. Schmachtenberg, Köln
Neuartige Prüfeinrichtungen für Kraftfahrzeuge

Heft 165:
Dr.-Ing. W. Wilhelm, Aachen
Instationäre Gasströmung im Auspuffsystem eines Zweitaktmotors

Heft 166:
Prof. Dr. M. von Stackelberg, Dr. H. Heindze, Dr. H. Hübschke und Dr. K. H. Frangen, Bonn
Kolloidchemische Untersuchungen

Heft 167:
Prof. Dr.-Ing. F. Schuster, Essen
I. Über die Heißkarburierung von Brenngasen mit Ölen und Teeren
II. Die Strahlungsvorgänge in brennstoffbeheizten Öfen bei verschiedenen Verbrennungsatmosphären

Heft 168:
Prof. Dr.-Ing. F. Schuster, Essen
I. Luftvorwärmung an Gasfeuerungen
II. Heizwerthöhe von Brenngasen und Wirkungsgrad sowie Gasverbrauch bei der Gasverwendung
III. Sauerstoffangereicherte Luft und feuerungstechnische Kenngrößen von Brenngasen

Heft 169:
Forschungsinstitut für Pigmente und Lacke, Stuttgart
Arbeiten über die Bestimmung des Gebrauchswertes von Lackfilmen durch physikalische Prüfungen

Heft 170:
Prof. Dr. F. Wever, Dr. A. Rose und Dipl.-Ing. L. Rademacher, Düsseldorf
Anwendung der Umwandlungsschaubilder auf Fragen der Werkstoffauswahl beim Schweißen und Flammhärten

Heft 171:
Wäschereiforschung, Krefeld
Untersuchung der Wäscheentwässerung mit Hilfe von Zentrifugen und Pressen

Heft 172:
Dipl.-Ing. W. Rohs, Dr.-Ing. G. Satlow und Text.-Ing. G. Heller, Bielefeld
Trocknung von Hanfgarnen. Kreuzspultrocknung

Heft 173:
Prof. Dr. W. Kast, Krefeld, Prof. Dr. R. Hosemann und
Dipl.-Phys. G. Schoknecht, Berlin
Lichtoptische Herstellung und Diskussion der Faltungsquadrate parakristalliner Gitter

Heft 174:
Prof. Dr. W. von Fragstein, Dr. J. Meingast und H. Hoch, Köln
Herstellung von Solen einheitlicher Teilchengröße und Ermittlung ihrer optischen Eigenschaften

VERÖFFENTLICHUNGEN DER
ARBEITSGEMEINSCHAFT FÜR FORSCHUNG
DES LANDES NORDRHEIN-WESTFALEN

Naturwissenschaften

Heft 1:
Prof. Dr.-Ing. F. Seewald, Aachen
Neue Entwicklungen auf dem Gebiet der Antriebsmaschinen
Prof. Dr.-Ing. F. A. F. Schmidt, Aachen
Technischer Stand und Zukunftsaussichten der Verbrennungsmaschinen, insbesondere der Gasturbinen
Dr.-Ing. R. Friedrich, Mülheim (Ruhr)
Möglichkeiten und Voraussetzungen der industriellen Verwertung der Gasturbine

Heft 2:
Prof. Dr.-Ing. W. Riezler, Bonn
Probleme der Kernphysik
Prof. Dr. Micheel, Münster
Isotope als Forschungsmittel in der Chemie und Biochemie

Heft 3:
Prof. Dr. E. Lehnartz, Münster
Der Chemismus der Muskelmaschine
Prof. Dr. G. Lehmann, Dortmund
Physiologische Forschung als Voraussetzung der Bestgestaltung der menschlichen Arbeit
Prof. Dr. H. Kraut, Dortmund
Ernährung und Leistungsfähigkeit

Heft 4:
Prof. Dr. F. Wever, Düsseldorf
Aufgaben der Eisenforschung
Prof. Dr.-Ing. H. Schenck, Aachen
Entwicklungslinien des deutschen Eisenhüttenwesens
Prof. Dr.-Ing. M. Haas, Aachen
Wirtschaftliche Bedeutung der Leichtmetalle und ihre Entwicklungsmöglichkeiten

Heft 5:
Prof. Dr. W. Kikuth, Düsseldorf
Virusforschung
Prof. Dr. R. Danneel, Bonn
Fortschritte der Krebsforschung
Prof. Dr. W. Schulemann, Bonn
Wirtschaftliche und organisatorische Gesichtspunkte für die Verbesserung unserer Hochschulforschung

Heft 6:
Prof. Dr. W. Weizel, Bonn
Die gegenwärtige Situation der Grundlagenforschung in der Physik
Prof. Dr. S. Strugger, Münster
Das Duplikantenproblem in der Biologie
Direktor Dr. F. Gummert, Essen
Überlegungen zu den Faktoren Raum und Zeit im biologischen Geschehen und Möglichkeiten einer Nutzanwendung

Heft 7:
Prof. Dr.-Ing. A. Götte, Aachen
Steinkohle als Rohstoff und Energiequelle
Prof. Dr. Dr. E. h. K. Ziegler, Mülheim Ruhr
Über Arbeiten des Max-Planck-Institutes für Kohlenforschung

Heft 8:
Prof. Dr.-Ing. W. Fucks, Aachen
Die Naturwissenschaft, die Technik und der Mensch
Prof. Dr. W. Hoffmann, Münster
Wirtschaftliche und soziologische Probleme des technischen Fortschritts

Heft 9:
Prof. Dr.-Ing. F. Bollenrath, Aachen
Zur Entwicklung warmfester Werkstoffe
Prof. Dr. H. Kaiser, Dortmund
Stand spektralanalytischer Prüfverfahren und Folgerung für deutsche Verhältnisse

Heft 10:
Prof. Dr. H. Braun, Bonn
Möglichkeiten und Grenzen der Resistenzzüchtung
Prof. Dr.-Ing. C. H. Dencker, Bonn
Der Weg der Landwirtschaft von der Energieautarkie zur Fremdenergie

Heft 11:
Prof. Dr.-Ing. H. Opitz, Aachen
Entwicklungslinien der Fertigungstechnik in der Metallbearbeitung
Prof. Dr.-Ing. K. Krekeler, Aachen
Stand und Aussichten der schweißtechnischen Fertigungsverfahren

Heft 12:
Dr. H. Rathert, Wuppertal-Elberfeld
Entwicklung auf dem Gebiet der Chemiefaser-Herstellung
Prof. Dr. W. Weltzien, Krefeld
Rohstoff und Veredlung in der Textilwirtschaft

Heft 13:
Dr.-Ing. E. h. K. Herz, Frankfurt a. M.
Die technischen Entwicklungstendenzen im elektrischen Nachrichtenwesen
Staatssekretär Prof. L. Brandt, Düsseldorf
Navigation und Luftsicherung

Heft 14:
Prof. Dr. B. Helferich, Bonn
Stand der Enzymchemie und ihre Bedeutung
Prof. Dr. H. W. Knipping, Köln
Ausschnitt aus der klinischen Carcinomforschung am Beispiel des Lungenkrebses

Heft 15:
Prof. Dr. A. Esau, Aachen
Ortung mit elektrischen und Ultraschallwellen in Technik und Natur
Prof. Dr.-Ing. E. Flegler, Aachen
Die ferromagnetischen Werkstoffe der Elektrotechnik und ihre neueste Entwicklung

Heft 16:
Prof. Dr. R. Seyffert, Köln
Die Problematik der Distribution
Prof. Dr. Theodor Beste, Köln
Der Leistungslohn

Heft 17:
Prof. Dr.-Ing. Seewald, Aachen
Luftfahrtforschung in Deutschland und ihre Bedeutung für die allgemeine Technik
Prof. Dr.-Ing. E. Houdremont, Essen
Art und Organisation der Forschung in einem Industrieforschungsinstitut der Eisenindustrie

Heft 18:
Prof. Dr. W. Schulemann, Bonn
Theorie und Praxis pharmakologischer Forschung
Prof. Dr. W. Groth, Bonn
Technische Verfahren zur Isotopentrennung

Heft 19:
Dipl.-Ing. K. Traenckner, Essen
Entwicklungstendenzen der Gaserzeugung

Heft 20:
M. Zvegintzow, London
Wissenschaftliche Forschung und die Auswertung ihrer Ergebnisse
Ziel u. Tätigkeit der National Research Development Corporation
Dr. A. King, London
Wissenschaft und internationale Beziehungen

Heft 21:
Prof. Dr. R. Schwarz, Aachen
Wesen und Bedeutung der Silicium-Chemie
Prof. Dr. Dr. h. c. K. Alder, Köln
Fortschritte in der Synthese von Kohlenstoffverbindungen

Heft 21 a
Prof. Dr. Dr. h. c. O. Hahn, Göttingen
Die Bedeutung der Grundlagenforschung für die Wirtschaft
Prof. Dr. S. Strugger, Münster
Die Erforschung des Wasser- und Nährsalztransportes im Pflanzenkörper mit Hilfe der fluoreszenzmikroskopischen Kinematographie

Heft 22:
Prof. Dr. J. von Allesch, Göttingen
Die Bedeutung der Psychologie im öffentlichen Leben
Prof. Dr. O. Graf, Dortmund
Triebfedern menschlicher Leistung

Heft 23:
Prof. Dr. Dr. h. c. B. Kuske, Köln
Zur Problematik der wirtschaftswissenschaftlichen Raumforschung
Prof. Dr. Dr.-Ing. E. h. St. Prager, Düsseldorf
Städtebau und Landesplanung

Heft 24:
Prof. Dr. R. Danneel, Bonn
Über die Wirkungsweise der Erbfaktoren
Prof. Dr. K. Herzog, Krefeld
Bewegungsbedarf der menschlichen Gliedmaßengelenke bei der Berufsarbeit

Heft 25:
Prof. Dr. O. Haxel, Heidelberg
Energiegewinnung aus Kernprozessen
Dr.-Ing. Dr. M. Wolf, Düsseldorf
Gegenwartsprobleme der energiewirtschaftlichen Forschung

Heft 26:
Prof. Dr. F. Becker, Bonn
Ultrakurzwellenstrahlung aus dem Weltraum
Dr. H. Straßl, Bonn
Bemerkenswerte Doppelsterne und das Problem der Sternentwicklung

Heft 27:
Prof. Dr. H. Behnke, Münster
Der Strukturwandel der Mathematik in der ersten Hälfte des 20. Jahrhunderts
Prof. Dr. E. Sperner, Hamburg
Eine mathematische Analyse der Luftdruckverteilung in großen Gebieten

Heft 28:
Prof. Dr. O. Niemczyk, Aachen
Die Problematik gebirgsmechanischer Vorgänge im Steinkohlenbergbau
Prof. Dr. W. Ahrens, Krefeld
Die Bedeutung geologischer Forschung für die Wirtschaft besonders in Nordrhein-Westfalen

Heft 29:
Prof. Dr. B. Rensch, Münster
Das Problem der Residuen bei Lernleistungen
Prof. Dr. H. Fink, Köln
Über Leberschäden bei der Bestimmung des biologischen Wertes verschiedener Eiweiße von Mikroorganismen

Heft 30:
Prof. Dr.-Ing. F. Seewald, Aachen
Forschungen auf dem Gebiete der Aerodynamik
Prof. Dr.-Ing. K. Leist, Aachen
Forschungen in der Gasturbinentechnik

Heft 31:
Prof. Dr.-Ing. Dr. h. c. F. Mietzsch, Wuppertal
Chemie und wirtschaftliche Bedeutung der Sulfonamide
Prof. Dr. Dr. h. c. G. Domagk, Wuppertal
Die experimentellen Grundlagen der bakteriellen Infektionen

Heft 32:
Prof. Dr. H. Braun, Bonn
Die Verschleppung von Pflanzenkrankheiten und -schädlingen über die Welt
Prof. Dr. W. Rudorf, Voldagsen
Der Beitrag von Genetik und Züchtung zur Bekämpfung von Viruskrankheiten der Nutzpflanzen

Heft 33:
Prof. Dr.-Ing. V. Aschoff, Aachen
Probleme der elektroakustischen Einkanalübertragung
Prof. Dr.-Ing. H. Döring, Aachen
Erzeugung und Verstärkung von Mikrowellen

Heft 34:
Geheimrat Prof. Dr. Dr. R. Schenck, Aachen
Bedingungen und Gang der Kohlenhydratsynthese im Licht
Prof. Dr. E. Lehnartz, Münster
Die Endstufen des Stoffabbaues im Organismus

Heft 35:
Prof. Dr.-Ing. H. Schenck, Aachen
Gegenwartsprobleme der Eisenindustrie in Deutschland
Prof. Dr.-Ing. Piwowarsky †, Aachen
Gelöste und ungelöste Probleme im Gießereiwesen

Heft 36:
Prof. Dr. W. Riezler, Bonn
Teilchenbeschleuniger
Prof. Dr. G. Schubert, Hamburg
Anwendung neuer Strahlenquellen in der Krebstherapie

VERÖFFENTLICHUNGEN DER ARBEITSGEMEINSCHAFT FÜR FORSCHUNG DES LANDES NORDRHEIN-WESTFALEN

Geisteswissenschaften

Heft 1:
Prof. Dr. W. Richter, Bonn
Die Bedeutung der Geisteswissenschaften für die Bildung unserer Zeit
Prof. Dr. J. Ritter, Münster
Die aristotelische Lehre vom Ursprung und Sinn der Theorie

Heft 2:
Prof. Dr. J. Kroll, Köln
Elysium
Prof. Dr. G. Jachmann, Köln
Die vierte Ekloge Vergils

Heft 3:
Prof. Dr. H. Stier, Münster
Die klassische Demokratie

Heft 4:
Prof. Dr. W. Caskel, Köln
Lihyan und Lihyanisch, Sprache und Kultur eines früharabischen Königreiches

Heft 5:
Prof. Dr. T. Ohm, Münster
Stammesreligionen im südlichen Tanganyika-Territorium

Heft 6:
Prälat Prof. Dr. Dr. h. c. G. Schreiber, Münster
Deutsche Wissenschaftspolitik von Bismarck bis zum Atomwissenschaftler Otto Hahn

Heft 7:
Prof. Dr. W. Holtzmann, Bonn
Das mittelalterliche Imperium und die werdenden Nationen

Heft 8:
Prof. Dr. W. Caskel, Köln
Die Bedeutung der Beduinen in der Geschichte der Araber

Heft 9:
Prälat Prof. Dr. Dr. h. c. G. Schreiber, Münster
Iroschottische Motive im abendländischen Sakralraum

Heft 10:
Prof. Dr. P. Rassow
Forschungen zur Reichsidee im 16. und 17. Jahrhundert

Heft 11:
Prof. Dr. H. E. Stier, Münster
Roms Aufstieg zur Weltherrschaft

Heft 12:
Prof. D. K. Rengstorf, Münster
Mann und Frau im Urchristentum
Prof. Dr. H. Conrad, Bonn
Grundprobleme einer Reform des Familienrechts

Heft 13:
Prof. Dr. M. Braubach, Bonn
Der Weg zum 20. Juli 1944 — Ein Forschungsbericht

Heft 14:
Prof. Dr. P. Hübinger, Münster
Das deutsch-französische Verhältnis und seine mittelalterlichen Grundlagen

Heft 15:
Prof. Dr. F. Steinbach, Bonn
Der geschichtliche Weg des wirtschaftenden Menschen in die soziale Freiheit und politische Verantwortung

Heft 16:
Prof. Dr. J. Koch, Köln
Die Ars coniecturalis des Nikolaus von Cues

Heft 17:
Prof. Dr. J. Conant, US-Hochkommissar für Deutschland
Staatsbürger und Wissenschaftler
Prof. D. K. H. Rengstorf, Münster
Antike und Christentum

Heft 18:
Prof. Dr. R. Alewyn, Köln
Klopstocks Publikum

Heft 19:
Prof. Dr. F. Schalk, Köln
Das Lächerliche in der französischen Literatur des Ancien Régime

Heft 20:
Prof. Dr. L. Raiser, Bad Godesberg
Rechtsfragen der Mitbestimmung

Heft 21:
Prof. D. M. Noth, Bonn
Das Geschichtsverständnis der alttestamentlichen Apokalyptik

Heft 22:
Prof. Dr. W. F. Schirmer, Bonn
Glück und Ende des Königs in Shakespeares Historien

Heft 23:
Prof. Dr. G. Jachmann, Köln
Der homerische Schiffskatalog und die Ilias

Heft 24:
Prof. Dr. T. Klauser, Bonn
Die römischen Petrustraditionen im Lichte der neuen Ausgrabungen unter der Peterskirche

Heft 25:
Prof. Dr. H. Peters, Köln
Die Gewaltentrennung in moderner Sicht

Heft 26:
Prof. Dr. F. Schalk, Köln
Calderon und die Mythologie

Heft 27:
Prof. Dr. J. Kroll, Köln
Vom Leben geflügelter Worte

Heft 28:
Prof. Dr. T. Ohm, Münster
Die Religionen in Asien

Heft 29:
Prof. Dr. L. Weisgerber, Bonn
Die Ordnung der Sprache im persönlichen und öffentlichen Leben

Heft 30:
Prof. Dr. W. Caskel, Köln
Entdeckungen in Arabien

Heft 31:
Prof. Dr. M. Braubach, Bonn
Entstehung und Entwicklung der landesgeschichtlichen Bestrebungen und historischen Vereine im Rheinland

Heft 32:
Prof. Dr. F. Schalk, Köln
Somnium und verwandte Wörter in den romanischen Sprachen

Heft 33:
Prof. Dr. F. Dessauer, Frankfurt a. M.
Erbe und Zukunft des Abendlandes

Heft 34:
Prof. Dr. T. Ohm, Münster
Ruhe und Frömmigkeit

Heft 35:
Prof. Dr. H. Conrad, Bonn
Die mittelalterliche Besiedlung des deutschen Ostens und das deutsche Recht

Heft 36:
Prof. Dr. H. Sckommodau, Köln
Die religiösen Dichtungen Margaretes von Navarra

Heft 37:
Prof. Dr. H. von Einem, Bonn
Der Kopf mit der Binde des Meisters von Naumburg

Heft 38:
Prof. Dr. J. Höffner, Münster
Statik und Dynamik in der scholastischen Wirtschaftsethik

Heft 39:
Prof. Dr. F. Schalk, Köln
Diderots Essai über Claudius und Nero

Heft 40:
Prof. Dr. G. Kegel, Köln
Probleme des internationalen Enteignungs- und Währungsrechts

Heft 41:
Prof. Dr. L. Weisgerber, Bonn
Die Grenzen der Schrift

Heft 42:
Prof. Dr. R. Alewyn, Köln
Von der Empfindsamkeit zur Romantik

Heft 43:
Prof. Dr. T. Schieder, Köln
Die Probleme des Rapallo-Vertrages 1922

Heft 44:
Prof. Dr. A. Rumpf, Köln
Stilphasen der spätantiken Kunst

GPSR Compliance

The European Union's (EU) General Product Safety Regulation (GPSR) is a set of rules that requires consumer products to be safe and our obligations to ensure this.

If you have any concerns about our products, you can contact us on ProductSafety@springernature.com

In case Publisher is established outside the EU, the EU authorized representative is:

Springer Nature Customer Service Center GmbH
Europaplatz 3
69115 Heidelberg, Germany

Batch number: 10585057

Printed by Printforce, the Netherlands